"十三五"国家重点出版物出版规划项目

现代机械工程系列精品教材

普通高等教育"十一五"国家级规划教材

数控机床加工程序编制

第 5 版

主　编　顾　京

参　编　曹旺萍　王振宇　陈洪涛

主　审　孙东阳　张秋菊

机械工业出版社

本书为"十三五"国家重点出版物出版规划项目、普通高等教育"十一五"国家级规划教材，着重介绍了数控机床加工程序编制的基本原理及各类常用数控机床加工程序的基本编程方法。

本书第一章为数控机床加工程序编制的基础；第二章为常用编程指令及数学处理；第三章为数控车床的程序编制；第四章为数控铣床与加工中心的程序编制；第五章为数控电火花线切割机床的程序编制；第六章为自动编程。全书从培养技术应用型人才的目的出发，注重实用性，同时兼顾高等及中等职业技术教育的教学要求，强调理论联系实际。

本书可作为一般本科、高等职业技术院校数控技术应用专业、机电类专业、机械制造及自动化等专业的教学用书，也可供有关专业的师生和从事相关工作的科技人员参考。

图书在版编目（CIP）数据

数控机床加工程序编制/顾京主编. —5 版. —北京：机械工业出版社，2017.7（2023.1 重印）

普通高等教育"十一五"国家级规划教材 "十三五"国家重点出版物出版规划项目 现代机械工程系列精品教材

ISBN 978-7-111-56078-4

Ⅰ.①数… Ⅱ.①顾… Ⅲ.①数控机床-程序设计-高等学校-教材 Ⅳ.①TG659

中国版本图书馆 CIP 数据核字（2017）第 029825 号

机械工业出版社（北京市百万庄大街 22 号 邮政编码 100037）
策划编辑：冯春生 责任编辑：冯春生 武 晋
责任校对：潘 蕊 封面设计：张 静
责任印制：单爱军
北京虎彩文化传播有限公司印刷
2023 年 1 月第 5 版第 8 次印刷
184mm×260mm · 14.5 印张 · 347 千字
标准书号：ISBN 978-7-111-56078-4
定价：34.00 元

前　言

本书为"十三五"国家重点出版物出版规划项目、普通高等教育"十一五"国家级规划教材，着重介绍了数控机床加工程序编制的基本原理及各类常用数控机床加工程序的基本编程方法。全书共六章，内容包括：数控机床加工程序编制的基础、常用编程指令及数学处理、数控车床的程序编制、数控铣床与加工中心的程序编制、数控电火花线切割机床的程序编制以及自动编程。

本书从培养技术应用型人才的目的出发，注重实用性，同时兼顾高等及中等职业技术教育的教学要求，强调理论联系实际，加强培养学生的实际动手能力和解决实际生产问题的工程能力，在不断探索提高学生的创造能力方面进行了精心的编写。

本次修订具有以下特点：

1）结合数控技术应用领域中新技术、新工艺、新材料等的发展，充分反映数控加工技术的先进性和实用性。

2）进一步增加体现新技术应用的数控刀具应用部分，在加工中心章节中增加了西门子编程的专门内容。

3）编程部分增加了极坐标编程指令、局部坐标系指令、B类宏程序实例、螺纹铣削指令等，充实了固定循环指令和子程序指令。

本书可作为一般本科、高等职业技术院校和中等专业学校数控技术应用专业、机电类专业、机械制造及自动化等专业的教学用书，也可供广大工程技术人员参考。

本次修订工作主要由无锡职业技术学院顾京、王振宇主持，无锡职业技术学院曹旺萍、四川工程职业技术学院陈洪涛参加了编写。

本书自出版以来，得到了广大教师和学生以及其他读者的大力支持和肯定，在此深表感谢。同时恳请广大读者对此次教材的修订能一如既往地给予批评指正。

编　者
于无锡

目　录

第一章

数控机床加工程序编制的基础

数控机床是严格按照从外部输入的程序来自动地对被加工工件进行加工的。为了与数控系统的内部程序（系统软件）及自动编程用的零件源程序相区别，把从外部输入的直接用于加工的程序称为数控机床加工程序，简称为数控程序，它是机床数控系统的应用软件。程序样本如下所示：

```
O10
G55   G90   G01   Z40   F2000
M03   S500
G01   X-50   Y0
G01   Z-5   F100
G01   G42   X-10   Y0   H01
G01   X60   Y0
G03   X80   Y20   R20
G03   X40   Y60   R40
G01   X0   Y40
G01   X0   Y-10
G01   G40   X0   Y-40
G01   Z40   F2000
M05
M30
```

第一节　数控程序编制的概念

一、数控程序编制的定义和方法

1. 程序编制的定义

数控机床是按照事先编制好的数控程序自动地对工件进行加工的高效自动化设备。理想的数控程序不仅应该保证能加工出符合图样要求的合格工件，还应该使数控机床的功能得到合理的应用与充分的发挥，以使数控机床能安全、可靠、高效地工作。

在程序编制以前，编程人员应了解所用数控机床的规格、性能、数控系统所具备的功能及编程指令格式等。编制程序时，需要先对零件图样规定的技术要求、几何形状、尺寸及工艺要求进行分析，确定加工方法和加工路线，再进行数值计算，获得刀具中心运动轨迹的位置数据。然后，按数控机床规定采用的代码和程序格式，将工件的尺寸、刀具运动中心轨迹、位移量、切削参数（主轴转速、切削进给量、背吃刀量等）以及辅助功能（换刀、主轴的正转与反转、切削液的开与关等）编制成数控加工程序。在大部分情况下，要将加工程序记录在加工程序的控制介质（简称控制介质）上。常见的控制介质有磁盘、磁带等。通过控制介质将零件加工程序输入数控系统，由数控系统控制数控机床自动地进行加工。数控机床的加工过程如图 1-1 所示。

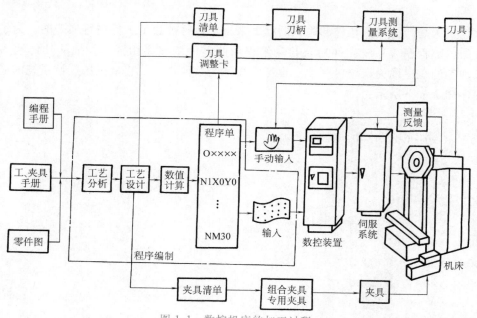

图 1-1 数控机床的加工过程

数控机床的程序编制主要包括：分析零件图样、工艺处理、数学处理、编写程序单、制作控制介质及程序检验。因此，数控程序的编制过程也就是指由分析零件图样到程序检验的全部过程，如图 1-2 所示。

2. **数控机床程序编制的具体步骤与要求**

（1）分析零件图样和制订工艺方案 这一步骤的内容包括：对零件图样进行分析，明确加工的内容和要求；确定加工方案；

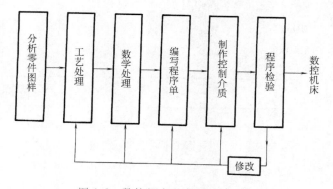

图 1-2 数控机床程序的编制过程

选择适合的数控机床；选择、设计刀具和夹具；确定合理的走刀路线及选择合理的切削用量等。制订工艺方案中涉及的许多问题，将在第四节中详细介绍。

（2）数学处理　在确定了工艺方案后，下一步需要根据零件的几何尺寸、加工路线，计算刀具中心运动轨迹，以获得刀位数据。一般的数控系统均具有直线插补与圆弧插补的功能，对于加工由圆弧和直线组成的较简单的平面零件，只需要计算出零件轮廓上相邻几何元素的交点或切点的坐标值，得出各几何元素的起点、终点、圆弧的圆心坐标值。对于较复杂的零件或零件的几何形状与控制系统的插补功能不一致时，就需要进行较复杂的数值计算。例如对非圆曲线（如渐开线、阿基米德螺旋线等）需要用直线段或圆弧段来逼近，在满足加工精度的条件下，计算出曲线各节点的坐标值。对于列表曲线、空间曲面的程序编制，其数学处理更为复杂，一般需要使用计算机辅助计算，否则难以完成。

（3）编写零件加工程序单及程序检验　在完成上述工艺处理及数值计算工作后，即可编写零件加工程序单。程序编制人员使用数控系统的程序指令，按照规定的程序格式，逐段编写零件加工程序。程序编制人员应对数控机床的性能、程序指令及代码非常熟悉，才能编写出正确的加工程序。

程序编写好之后，需将它存放在控制介质上，然后输入数控系统，控制数控机床工作。一般说来，正式加工之前，要对程序进行检验。对于平面零件可用笔代替刀具，以坐标纸代替工件进行空运转画图，通过检查机床动作和运动轨迹的正确性来检验程序。在具有图形模拟显示功能的数控机床上可通过显示走刀轨迹或模拟刀具对工件的切削过程，对程序进行检查。对于复杂的零件，需要采用铝件、塑料或石蜡等易切材料进行试切。通过检查试件，不仅可确认程序是否正确，还可知道加工精度是否符合要求。若能采用与被加工工件材质相同的材料进行试切，则更能反映实际加工效果。当发现工件不符合加工技术要求时，可修改程序或采取尺寸补偿等措施。

3. 数控程序编制的方法

数控程序编制的方法有两种：手工编程与自动编程。

手工编程是指主要由人工来完成数控程序编制各个阶段的工作。当被加工零件形状不十分复杂和程序较短时，都可以采用手工编程的方法。手工编程的框图如图 1-3 所示。

对于几何形状不太复杂的零件，所需要的加工程序不长，计算也比较简单，出错机会较少，这时用手工编程既经济又及时，因而手工编程仍被广泛地应用于形状简单的点位加工及平面轮廓加工中。但对于一些复杂零件，特别是具有非圆曲线的表面，或者零件的几何元素并不复杂，但程序量很大的零件（如一个零件上有许多个孔或平面轮廓由许多段圆弧组成），或当铣削轮廓时，数控系统不具备刀具半径自动补偿功能，而只能以刀具中心的运动轨迹进行编程等特殊情况，由于计算相当烦琐且程序量大，手工编程就难以胜任，即使能够编出程序来，往往耗费很长时间，而且容易出现错误。据统计，当采用手工编程时，一个零件的编程时间与在机床上实际加工时间之比，平均约为 30：1，而数控机床不能开动的原因中有 20%～30% 是由于加工程序编制困难，编程所用时间较长，造成机床停机。因此，为了缩短生产周期，提高数控机床的利用率，有效地解决各种模具及复杂零件的加工问题，采用手工编程已不能满足要求，而必须采用自动编程的办法。

使用计算机（或编程机）进行数控机床程序编制工作，即在编程的各项工作中，除拟订工艺方案仍主要依靠人工进行外，其余的工作，包括数学处理、编写程序单、制作控制介质和程序校验等各项工作均由计算机自动完成，这一过程就称为计算机自动编程。

采用计算机自动编程时，程序编制人员只需根据零件图样和工艺要求，使用自动编程语言编写出一

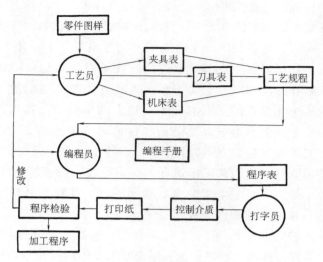

图 1-3   手工编程框图

个较简短的零件加工源程序，并将其输入到计算机中，计算机自动地进行处理，计算出刀具中心运动轨迹，编出零件加工程序。由于计算机可自动绘出零件图形和走刀轨迹，因此程序编制人员可及时检查程序是否正确，需要时可及时修改，以获得正确的程序。又由于计算机自动编程代替程序编制人员完成了烦琐的数值计算工作，并省去了书写程序单及制作控制介质的工作量，因而可将编程效率提高几十倍乃至上百倍，同时解决了手工编程无法解决的许多复杂零件的编程难题。

按输入方式的不同，自动编程可分为语言数控自动编程、图形数控自动编程和语音数控自动编程等。语言数控自动编程是指加工零件的几何尺寸、工艺要求、切削参数及辅助信息等是用数控语言编写成源程序后，输入到计算机中，再由计算机进一步处理得到零件加工程序单。图形数控自动编程是指用图形输入设备（如数字化仪）及图形菜单将零件图形信息直接输入计算机并在荧光屏上显示出来，再进一步处理，最终得到加工程序及控制介质。语音数控自动编程是采用语音识别器，将操作者发出的加工指令声音转变为加工程序。

按程序编制系统与数控系统紧密性的不同，自动编程又分为离线程序编制和在线程序编制。与数控系统相脱离的程序编制系统为离线程序编制系统，该种系统可为多台数控机床编制程序，其功能往往多而强，程序编制时不占机床工作时间。随着数控技术的不断发展，数控系统不仅可用于控制机床，还可用于自动编程。有的数控装置具有会话型编程功能，就是将离线编程机的许多功能移植到了数控系统。

二、字符与代码

字符是一个关于信息交换的术语，它的定义是：用来组织、控制或表示数据的一些符号，如数字、字母、标点符号、数学运算符等。字符是机器能进行存储或传送的记号，也是所要研究的加工程序的最小组成单位。常规加工程序用的字符分四类：第一类是文字，由 26 个大写英文字母组成；第二类是数字和小数点，由 0~9 共 10 个数字及一个小数点

组成；第三类是符号，由正号（＋）和负号（－）组成；第四类是功能字符，由程序开始（结束）符、程序段结束符、跳过任选程序段符、机床控制暂停符、机床控制恢复符等组成。

国际上广泛采用两种字符标准编码，即 ISO（International Standardization Organization）国际标准化组织标准编码和 EIA（Electronic Industries Association）美国电子工业协会标准编码，它们分别称为 ISO 代码和 EIA 代码。

三、字与字的功能类别

字是程序字的简称，在这里它是机床数字控制的专用术语。它的定义是：一套有规定次序的字符，可以作为一个信息单元存储、传递和操作，如"X2500"就是一个"字"。一个字所含的字符个数称为字长。常规加工程序中的字都是由一个英文字母与随后的若干位 10 进制数字组成的。这个英文字母称为地址符。地址符与后续数字间可加正、负号。程序字按其功能的不同可分为 7 种类型，它们分别称为顺序号字、准备功能字、尺寸字、进给功能字、主轴转速功能字、刀具功能字和辅助功能字。

1. 顺序号字

顺序号字也叫程序段号或程序段序号。顺序号字位于程序段之首，地址符是 N，后续数字一般为 2~4 位。顺序号字可以用在主程序、子程序和宏程序中。

（1）顺序号字的作用　首先顺序号字可用于对程序的校对和检索修改。其次在加工轨迹图的几何节点处标上相应程序段的顺序号字，就可直观地检查程序。顺序号字还可作为条件转向的目标。更重要的是，标注了程序段号的程序可以进行程序段的复归操作，这是指操作可以回到程序的（运行）中断处重新开始，或加工从程序的中途开始的操作。

（2）顺序号字的使用规则　数字部分应为正整数，一般最小顺序号字是 N1。顺序号字的数字可以不连续，也不一定从小到大顺序排列，如第一段用 N1、第二段用 N20、第三段用 N10。对于整个程序，可以每个程序段都设顺序号字，也可以只在部分程序段中设顺序号字，还可在整个程序中全不设顺序号字。一般都将第一程序段冠以 N10，以后以间隔 10 递增的方法设置顺序号字，这样，在调试程序时，如需要在 N10 与 N20 之间加入两个程序段，就可以用 N11、N12。

应注意的是，数控程序中的顺序号字与计算机高级语言程序中的标号是有本质区别的。在计算机高级语言中，每条语句的开头都有标号。从表面看，顺序号字和标号很相似：它们都位于程序语句之首，只是标号为纯数字，顺序号字开头还有个地址符 N。事实上，数控加工中的顺序号与计算机高级语言中的标号有着本质的不同。对于高级语言，计算机在一般情况下，总是按标号从小到大的顺序执行，这里的一般情况是指中间没有转向语句的时候。从小到大，数字不一定要连续。即使没有按标号从小到大顺序写入，当输入计算机后，解释系统也会把语句按从小到大的顺序整理好、排列好，执行时按序进行。数控加工程序用的不是高级语言，它的顺序号字与执行的顺序无关。第一，数控装置的解释程序内没有整理程序段次序的内容，程序段在存储器内以输入的先后顺序排列，而不管各程序段有无顺序号字和顺序号字的大小；第二，执行时严格按信息在存储器内的排列顺序一段一段地执行。也就是说，执行的先后次序与程序段中的顺序号字无关。由此可见，计算机高级语言中的标号实质上是计算机的执行顺序号，而数控加工中的顺序号字实际上是程序段的名称。

2. 准备功能字

准备功能字的地址符是 G，所以又称 G 功能或 G 指令。它是建立机床或控制系统工作方式的一种命令。准备功能字中的后续数字大多为两位正整数（包括 00）。不少机床此处的前置"0"允许省略，所以见到数字是一位时，实际是两位的简写，如 G4，实际是 G04。随着数控机床功能的增加，G00～G99 已不够用，所以有些数控系统的 G 指令中的后续数字已经使用三位数。依据 ISO 1056—1975（E）国际标准，国内制定了 JB/T 3208—1999⊖行业标准，其中规定了 G 指令的功能含义。我国现有的中、高档数控系统大部分是从日本、德国、美国等国进口的，它们的 G 指令的功能相差甚大。即使是国内生产的数控系统，也没有完全按这个行业标准来规定 G 指令的含义。现将日本 FANUC、德国 SIEMENS 和美国 A-B 公司生产的数控系统的 G 指令功能含义与 JB/T 3208—1999 对比列成表 1-1。从表 1-1 中可以看出，目前国际上实际使用的 G 指令，其标准化程度较低，只有 G01～G04、G17～G19、G40～G42 的含义在各系统中基本相同；G90～G92、G94～G97 的含义在多数系统内相同。有些数控系统规定可使用几套 G 指令。这说明，在编程时必须遵照机床数控系统说明书编制程序。

表 1-1 G 指令含义对照表

G 指令	JB/T 3208—1999 规定的功能含义	日本 FANUC 3MC 系统	德国 SIEMENS 810 系统	美国 A-B 公司 8400MP 系统
G00	点 定 位	点 定 位	点 定 位	点 定 位
G01	直线插补	直线插补	直线插补	直线插补
G02	顺时针圆弧插补	顺时针圆弧插补	顺时针圆弧插补	顺时针圆弧插补
G03	逆时针圆弧插补	逆时针圆弧插补	逆时针圆弧插补	逆时针圆弧插补
G04	暂 停	暂 停	暂 停	暂 停
G05	不 指 定	—	—	圆弧相切
G06	抛物线插补	主轴插补	—	—
G07	不 指 定	—	—	—
G08	加 速	—	—	—
G09	减 速	准停,减速停	—	—
G10	不 指 定	设定偏置值	同 步	刀具寿命内
G11～G16	不 指 定	—	—	刀具寿命外等
G17	XY 平面选择	XY 平面选择	—	XY 平面选择
G18	ZX 平面选择	ZX 平面选择	—	ZX 平面选择
G19	YZ 平面选择	YZ 平面选择	—	YZ 平面选择
G20	不 指 定	英制输入	—	直径指定
G21	不 指 定	米制输入	—	半径指定
G22～G26	不 指 定	—	—	螺旋线插补等
G27	不 指 定	参考点返回检验	—	外腔铣削

⊖ 目前 JB/T 3208—1999 已经作废，为方便读者理解指令，本书仍列出。

（续）

G 指令	JB/T 3208—1999 规定 的功能含义	日本 FANUC 3MC 系统	德国 SIEMENS 810 系统	美国 A-B 公司 8400MP 系统
G28	不 指 定	自动返回参考点	—	—
G29	不 指 定	从参考点移出	—	执行最后自动循环
G30~G31	不 指 定	—	—	镜像设置/注销
G32	不 指 定	—	—	—
G33	螺纹切削，等螺距	—	铣等螺距螺纹	单线螺纹切削
G34	螺纹切削，增螺距	—	铣增螺距螺纹	增螺距螺纹切削
G35	螺纹切削，减螺距	—	铣减螺距螺纹	减螺距螺纹切削
G36~G39	永不指定	—	—	自动螺纹加工等
G40	刀具补偿/刀具偏置注销	刀具半径补偿注销	刀具半径补偿注销	刀具补偿注销
G41	刀具补偿-左	刀具半径补偿-左	刀具半径补偿-左	刀具左补偿
G42	刀具补偿-右	刀具半径补偿-右	刀具半径补偿-右	刀具右补偿
G43	刀具偏置-正	正向长度补偿	—	—
G44	刀具偏置-负	反向长度补偿	—	—
G45	刀具偏置+/+	—	—	夹具偏移
G46	刀具偏置+/−	—	—	双正轴暂停
G47	刀具偏置−/−	—	—	动态 Z 轴 DRO 方式
G48	刀具偏置−/+	—	—	—
G49	刀具偏置 0/+	取消长度补偿	—	—
G50	刀具偏置 0/−	—	—	M 码定义输入
G51	刀具偏置+/0	—	—	—
G52	刀具偏置−/0	—	—	—
G53	直线偏移，注销	—	附加零点偏置	—
G54	直线偏移 X	—	零点偏置 1	—
G55	直线偏移 Y	—	零点偏置 2	探测限制
G56	直线偏移 Z	—	零点偏置 3	零件探测
G57	直线偏移 XY	—	零点偏置 4	圆孔探测
G58	直线偏移 XZ	—	—	刀具探测
G59	直线偏移 YZ	—	—	PAL 变量赋值
G60	准确定位 1（精）	—	准停	软件限位区域
G61	准确定位 2（中）	—	—	软件限位无效
G62	快速定位（粗）	—	—	进给速率修调禁止
G63	攻 螺 纹	—	—	—
G64	不 指 定	—	—	—
G65	不 指 定	用户宏指令命令	—	—
G66~G67	不 指 定	—	—	—
G68	刀具偏置，内角	—	—	—
G69	刀具偏置，外角	—	—	—
G70	不 指 定	—	英 制	英 制
G71	不 指 定	—	米 制	米 制
G72	不 指 定	—	—	零件程序放大/缩小
G73	不 指 定	分级进给钻削循环	—	点到点插补
G74	不 指 定	反攻螺纹循环	—	工件旋转
G75~G79	不 指 定	—	—	型腔循环等
G80	固定循环注销	固定循环注销	固定循环注销	自动循环中止

（续）

G 指令	JB/T 3208—1999 规定的功能含义	日本 FANUC 3MC 系统	德国 SIEMENS 810 系统	美国 A-B 公司 8400MP 系统
G81~G89	固定循环	钻、攻螺纹、镗固定循环	钻、攻螺纹、镗固定循环	自动循环
G90	绝对尺寸	绝对值编程	绝对尺寸	绝对值编程
G91	增量尺寸	增量值编程	增量尺寸	增量值编程
G92	预置寄存	工件坐标系设定	主轴转速极限	设置编程零点
G93	时间倒数，进给率	—	—	—
G94	每分钟进给	每分钟进给	每分钟进给	设置旋转轴速率
G95	主轴每转进给		每转进给	IPR/MMPN 进给
G96	恒线速度		恒线速度	CCS
G97	每分钟转数（主轴）		注销 G96	RPM 编程
G98	不　指　定	固定循环中退到起始点		ACC/DEC 禁止
G99	不　指　定	固定循环中退到 R 点		取消预置寄存

3. 尺寸字

尺寸字也叫尺寸指令。尺寸字在程序段中主要用来指令机床上刀具运动到达的坐标位置，表示暂停时间等的指令也列入其中。地址符用得较多的有三组：第一组是 X、Y、Z、U、V、W、P、Q、R，主要是用于指令到达点的直线坐标尺寸，有些地址（例如 X）还可用于在 G04 之后指定暂停时间；第二组是 A、B、C、D、E，主要用来指令到达点的角度坐标；第三组是 I、J、K，主要用来指令零件圆弧轮廓圆心点的坐标尺寸。尺寸字中地址符的使用虽然有一定规律，但是各系统往往还有一些差别。例如，FANUC 有些系统还可以用 P 指令暂停时间、用 R 指令圆弧的半径等。

坐标尺寸是使用米制还是英制，多数系统用准备功能字选择，如 FANUC 诸系统用 G21/G22 切换、美国 A-B 公司诸系统用 G71/G70 切换。另一些系统用参数来设定。尺寸字中数值的具体单位，在采用米制单位时一般用 $1\mu m$、$10\mu m$ 和 1mm 三种；采用英制时常用 0.0001in 和 0.001in 两种。因此，尺寸字指令的坐标长度就是设定单位与尺寸字中后续数字的乘积。例如在使用米制单位制、设定单位为 $10\mu m$ 的场合，X6150 指令的坐标长度是 61.5mm。现在一般数控系统已经允许在尺寸字中使用小数点，而且当数字为整数时，可省略小数点。例如，设定单位为 mm 时，X10 指令的坐标长度是 10mm。选择何种单位，通常用参数设定，并不是每类系统都能设定上述五种单位。

4. 进给功能字

进给功能字的地址符用 F，所以又称为 F 功能或 F 指令。它的功能是指令切削的进给速度。现在一般都能使用直接指定方式（也叫直接指定码），即可用 F 后的数值直接指令进给速度。对于车床，可分为每分钟进给和主轴每转进给两种，一般分别用 G94、G95 规定；对于车削之外的控制，一般只用每分钟进给。F 地址符在螺纹切削程序段中还常用来指令导程。

5. 主轴转速功能字

主轴转速功能字用来指定主轴的转速，单位为 r/min，地址符使用 S，所以又称为 S 功能或 S 指令。中档以上的数控机床，其主轴驱动已采用主轴控制单元，它们的转速可以直接指令，即用 S 后续数字直接表示每分钟主轴转速。例如，要求 1300r/min，就指令 S1300。不过，现在用得较多的主轴单元的允许调幅还不够宽，为增加无级变速的调速范围，需加入几档齿轮变速，由后面要介绍的辅助功能指令来变换齿轮档，这时，S 指令要与相应的辅助功能指令配合使用。像国内某些机床厂生产的经济型数控车床，采用的是主轴转速间接指定码，由于主轴电动机还是普通电动机，其主轴箱内的主轴变速机构与传统的卧式车床差别不大，也是用电磁离合器通过齿轮做有级变速，程序中的 S 指令用 1~2 位数字代码，每一数字代表的具体转速可以从主轴箱上的转速表中查得。对于中档以上的数控车床，还有一种使切削速度保持不变的所谓恒线速度功能。即在切削过程中，如果切削部位的回转直径不断变化，那么主轴转速也要不断地做相应的变化，在这种情况下，可用程序中的 S 指令指定车削加工的线速度数。

6. 刀具功能字

刀具功能字用地址符 T 及随后的数字表示，所以也称为 T 功能或 T 指令。T 指令主要是用来指定加工时使用的刀具号。对于车床，其后的数字还兼作指定刀具长度（含 X、Z 两个方向）补偿和刀具半径补偿用。

在车床上，T 之后的数字分 2 位、4 位和 6 位三种。对两位数字的 T 指令来说，一般前位数字代表刀具（位）号，后位数字代表刀具长度补偿号。其他两种以后将结合不同的机床进行介绍。

数控铣床（含加工中心）的刀具功能比车床要复杂些，而且各系统的差别也较大。加工中心的共同点是刀具号用 T 指令，T 后的数字一般为 1~4 位，它在多数系统内只表示刀具号，只有在少数系统内也指令 X、Z 向的刀具长度补偿号。多数系统换刀使用 "M06 T~" 指令，如 "M06 T05" 表示将原来的刀具换成 5 号刀。

7. 辅助功能字

辅助功能字由地址符 M 及随后的 1~3 位数字组成（多为 2 位），所以也称为 M 功能或 M 指令。它用来指令数控机床辅助装置的接通和断开（即开关动作），表示机床各种辅助动作及其状态。与 G 指令一样，M 指令在实际使用中的标准化程度也不高。现将我国根据 ISO 1056—1975（E）制定的行业标准 JB/T 3208—1999 中 M 指令的含义与几种国外数控系统中实际使用的 M 指令含义进行对照，列成表 1-2。

表 1-2　M 指令含义对照表

M 指令	JB/T 3208—1999 规定的功能含义	美国辛辛那提 850 系统	日本 FANUC 6T-B 系统	美国 A-B 公司 8400MP 系统
M00	程序停止	程序停止	程序停止	程序停止
M01	计划停止	计划停止	选择停止	选择停止
M02	程序结束	程序结束	程序结束	程序结束
M03	主轴顺时针方向	主轴顺时针方向	主轴顺时针方向	主轴顺时针方向
M04	主轴逆时针方向	主轴逆时针方向	主轴逆时针方向	主轴逆时针方向
M05	主轴停止	主轴停止	主轴停止	主轴停止
M06	换刀	换刀		换刀
M07	2 号切削液开	2 号切削液开		雾冷

（续）

M 指令	JB/T 3208—1999 规定的功能含义	美国辛辛那提 850 系统	日本 FANUC 6T-B 系统	美国 A-B 公司 8400MP 系统
M08	1 号切削液开	1 号切削液开	切削液开	液 冷
M09	切削液关	切削液停	切削液停	冷却停
M10	夹 紧			夹 紧
M11	松 开	—		松 开
M12	不 指 定			用户选通脉冲输出
M13	主轴顺时针转动,切削液开	主轴顺时针转动,切削液开	—	主轴顺时针转动,切削液开
M14	主轴逆时针转动,切削液开	主轴逆时针转动,切削液开		主轴逆时针转动,切削液开
M15	正 运 动			主轴制动开
M16	负 运 动	—		主轴制动关
M17	不 指 定	主轴顺时针转动,2 号切削液开	排屑器起动	标准主轴
M18	不 指 定	主轴逆时针转动,2 号切削液开	排屑器停止	主轴作为 C 轴
M19	主轴定向停止			主轴定向停止
M20	不 指 定			夹 紧 松
M21	不 指 定	—	误差检测通,尖角	夹 紧 紧
M22	不 指 定		误差检测关,圆角	刀套缩起
M23	永 不 指 定		倒 角	刀 套 出
M24	永 不 指 定	主轴顺时针转动,主轴孔冷却	倒角解除	
M25	永 不 指 定	主轴逆时针转动,主轴孔冷却		刀具交换指令
M26～M27	永 不 指 定			
M28	永 不 指 定	—		低速齿轮
M29	永 不 指 定	第三切削液开	主轴速度一致检出	高速齿轮
M30	纸 带 结 束	子程序结束	穿孔带结束	程序结束
M31	互 锁 旁 路	—	进给修调取消	
M32	不 指 定	当前子程序结束	进给修调恢复	长响应输出
M33～M34	不 指 定			
M35	不 指 定			
M36	进给范围 1			
M37	进给范围 2		主轴低速范围	用户选通脉冲输出
M38	主轴速度范围 1		主轴中速范围	
M39	主轴速度范围 2		主轴高速范围	
M40	如有需要可作为齿轮换档,此外不指定			用户选存信号输出
M41	如有需要可作为齿轮换档,此外不指定	—		齿轮 1 驱动
M42	如有需要可作为齿轮换档,此外不指定		—	齿轮 2 驱动
M43	如有需要可作为齿轮换档,此外不指定			齿轮 3 驱动
M44	如有需要可作为齿轮换档,此外不指定			齿轮 4 驱动

（续）

M 指令	JB/T 3208—1999 规定的功能含义	美国辛辛那提 850 系统	日本 FANUC 6T-B 系统	美国 A-B 公司 8400MP 系统
M45	如有需要可作为齿轮换档,此外不指定			用户选存信号输出
M46	不　指　定			
M47	不　指　定			计数复位
M48	注销 M49			向上定时
M49	进给率修正旁路		—	向下计量
M50	3 号切削液开			条件分开
M51	4 号切削液开			
M52~M54	不　指　定			
M55	刀具直线位移,位置 1			—
M56	刀具直线位移,位置 2			
M57	不　指　定		卡盘闭	
M58	不　指　定	—	卡盘开	终止 M59
M59	不　指　定			经由 CSS 修改
M60	更换工件			
M61	工件直线位移,位置 1			普通响应标志
M62	工件直线位移,位置 2		—	
M63	不　指　定			
M64	不　指　定			
M65	不　指　定		刀头确认	普通长响应标志
M66	不　指　定		刀台回转禁止	
M67	不　指　定		刀台回转允许	
M68~M69	不　指　定		—	
M70	不　指　定		刀检空气吹扫	普通选通标志
M71	工件角度位移,位置 1			
M72	工件角度位移,位置 2		—	普通锁存标志
M73~M79	不　指　定			
M80	不　指　定		第一刀具组跳读	
M81	不　指　定		第二刀具组跳读	
M82	不　指　定	选择 M 功能	第三刀具组跳读	
M83	不　指　定		第四刀具组跳读	
M84	不　指　定		第五刀具组跳读	—
M85	不　指　定		—	
M86	不　指　定		机外计测:内径	
M87	不　指　定		机外计测:外径	
M88~M89	不　指　定		—	

（续）

M 指令	JB/T 3208—1999 规定的功能含义	美国辛辛那提850 系统	日本 FANUC 6T-B 系统	美国 A-B 公司 8400MP 系统
M90～M91	永不指定			
M92	永不指定		外部输入刀具补偿	
M93	永不指定	—	外部输入刀具补偿	—
M94～M97	永不指定		—	
M98	永不指定		子程序调出	
M99	永不指定		返回主程序	

从表 1-2 中可以看到，各种系统 M 指令含义的差别很大，但 M00～M05 及 M30 的含义是一致的，M06～M11 以及 M13、M14 的含义基本一致。随着机床数控技术的发展，两位数 M 指令已不够用，所以当代数控机床已有不少使用三位数的 M 指令。

四、程序段格式及程序格式

1. 程序段格式

程序段是可作为一个单位来处理的连续的字组，它实际上是数控加工程序中的一句。多数程序段是用来指令机床完成（执行）某一个动作的。程序的主体是由若干个程序段组成的。在书写和打印时，每个程序段一般占一行，在荧光屏显示程序时也是如此。

程序段格式是指程序段中的字、字符和数据的安排形式。在数控机床的发展历史上，曾经用过固定顺序格式和分隔符程序段格式（也称为分隔符顺序格式）。现在一般都使用字地址可变程序段格式，称为字地址格式。对这种格式，程序段由若干个字组成，字首是一个英文字母，称为字的地址。字的功能类别由地址决定。在此格式程序中，上一段程序中已写明、本程序段里又不必变化的那些字仍然有效，可以不再重写。具体地说，对于模态（续效）G 指令（如 G01），在前面程序段中已出现过时可不再重写。在这种格式中，每个字长不固定。例如在尺寸字中可只写有效数字，省略前置零。各个程序段中的长度（即字符个数）和程序字的个数都是可变的，故属于可变程序段格式。下面列出某程序中的两个程序段：

```
N30   G01   X88.467   Z47.5   F50   S250   T03   M08
N40   X75.4
```

这两段的字数和字符个数相差甚大，但除 X 坐标有变化外其他情况不变。当今的数控系统绝大多数对程序段中各类字的排列不要求有固定的顺序，即在同一程序段中各个指令字的位置可以任意排列。上例 N30 段也可写成：

```
N30   M08   T03   S250   F50   Z47.5   X88.467   G01
```

当然，还有很多排列形式，它们对数控系统是等效的。在大多数场合，为了书写、输入、检查和校对的方便，程序字在程序段中习惯按一定的顺序排列，如 N、G、X、Y、Z、S、T、M 顺序。

2. 加工程序的一般格式

加工程序一般由开始符（单列一段）、程序名（单列一段）、程序主体和程序结束指令（一般单列一段）组成。程序的最后还有一个程序结束符。程序开始符与程序结束符是同一个字符：在 ISO 代码中是％，在 EIA 代码中是 ER。程序结束指令可用 M02（程序结束）或 M30（程序结束返回）。在使用中，用 M02 结束程序时，自动运行结束后光标停在程序结束处；而用 M30 来结束程序时，自动运行结束后光标和屏幕显示能自动返回到程序开头处，一按启动按钮就可以再一次运行程序。虽然 M02 与 M30 允许与其他程序字合用一个程序段，但最好还是将其单列一段，或者只与顺序号共用一个程序段。

程序名位于程序主体之前、程序开始符之后，一般独占一行。程序名有两种形式：一种是以规定的英文字母（多用 O）打头，后面紧随若干位数字组成，数字最多允许位数由说明书规定，常见的是两位和四位两种；另一种形式是，程序名由英文字母、数字或英文、数字混合组成，中间还可以加入"-"号。程序名用哪种形式是由数控系统决定的。

第二节 数控机床的坐标系

为了便于编程时描述机床的运动，简化程序的编制方法及保证记录数据的互换性，数控机床的坐标和运动的方向均已标准化。这里仅做介绍和解释。

一、坐标系及运动方向

1. 坐标系的确定原则

我国国家标准 GB/T 19660—2005 规定的命名原则如下：

（1）刀具相对于静止工件而运动的原则 这一原则使编程人员能在不知道是刀具移近工件还是工件移近刀具的情况下，就可依据零件图样，确定机床的加工过程。

（2）标准坐标（机床坐标）系的规定 在数控机床上，机床的动作是由数控装置来控制的，为了确定机床上的成形运动和辅助运动，必须先确定机床上运动的方向和运动的距离，这就需要一个坐标系才能实现，这个坐标系就称为机床坐标系。

标准的机床坐标系是一个右手笛卡儿坐标系，如图 1-4 所示。图中规定了 X、Y、Z 三个直角坐标轴的方向，这个坐标系的各个坐标轴与机床的主要导轨相平行，与安装在机床上并且按机床的主要直线导轨找正的工件相关。根据右手螺旋方法，可以很方便地确定出 A、B、C 三个旋转坐标的方向。

（3）运动的方向 数控机床某一部件运动的正方向，是增大工件和刀具之间距离的方向。

2. Z 坐标

Z 坐标的运动，是由传递切削动力的主轴所规定的。对于铣床、镗床、钻床等是主轴带动刀具旋转；对于车床、磨床和其他成形表面的机床是主轴带动工件旋转。如机床上有几个主轴，则选一垂直于工件装夹平面的主轴作为主要的主轴；如主要的主轴始终平行于标准的三坐标系统中的一个坐标，则这个坐标就是 Z 坐标；如主要的主轴能摆动，在摆动范围内使主轴只平行于三坐标系统中的两个或三个坐标，则取垂直于机床工作台装夹面的方向为 Z 坐标；如机床没有主轴（如数控龙门刨床），则 Z 坐标垂直于工件装夹平面。

对于钻、镗加工，钻入或镗入工件的方向是 Z 坐标的负方向。

3. X 坐标

X 坐标一般是水平的，平行于工件的装夹平面。这是刀具或工件定位平面内运动的主要坐标。如工件旋转的车床，X 坐标的方向是在工件的径向上，且平行于横向滑板，以刀具离开工件旋转中心的方向为正方向。

对刀具旋转的机床（如铣床、钻床、镗床）做如下规定：如 Z 坐标是水平的，当从主要刀具主轴向工件看时，$+X$ 运动的方向指向右方；如 Z 坐标是垂直的，对于单立柱机床，当从主要刀具主轴向立柱看时，$+X$ 的运动方向指向右方。对于龙门式机床，当从主要主轴向左侧看时，$+X$ 运动的方向指向右方。对没有旋转刀具或旋转工件的机床，X 坐标平行于主要的切削力方向，且以该方向为正方向。

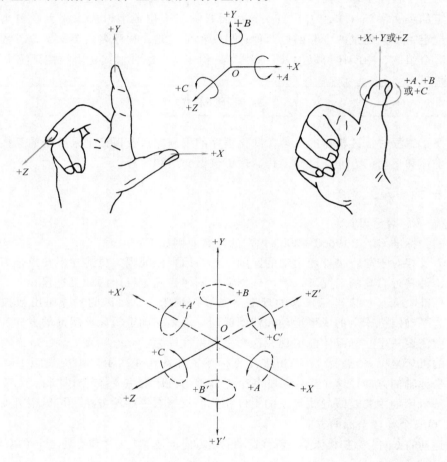

图 1-4 右手笛卡儿坐标系

4. Y 坐标

$+Y$ 的运动方向可根据 X 和 Z 坐标的运动方向，按照右手笛卡儿坐标系来确定。

5. 旋转坐标 A、B 和 C

旋转运动的 A、B 和 C 相应地表示其轴线平行于 X、Y 和 Z 坐标的旋转运动。正向的 A、B 和 C，相应地表示在 X、Y 和 Z 坐标正方向上按照右旋螺纹前进的方向。

6. 附加坐标

为了编程和加工的方便，有时还要设置附加坐标。对于直线运动：如在 X、Y、Z 主要运动之外另有第二组平行于它们的坐标，可分别指定为 U、V 和 W；如还有第三组运动，则分别指定为 P、Q 和 R；如果主要直线运动之外存在不平行于 X、Y 或 Z 的直线运动，也可相应地指定为 U、V、W 或 P、Q、R。对于旋转运动：如在第一组旋转运动 A、B 和 C 的同时，还有平行或不平行于 A、B 和 C 的第二组旋转运动，可指定为 D、E 和 F。

7. 数控机床的坐标简图

图 1-5～图 1-16 所示为 12 种代表性的数控机床的坐标简图，图中字母表示运动的坐

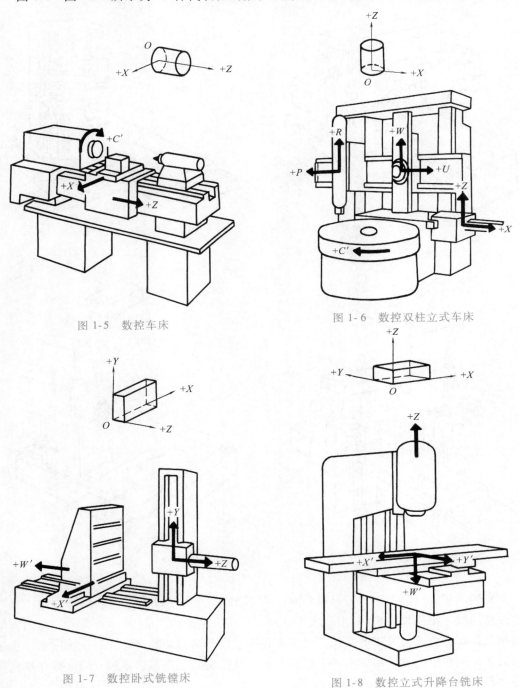

图 1-5　数控车床

图 1-6　数控双柱立式车床

图 1-7　数控卧式铣镗床

图 1-8　数控立式升降台铣床

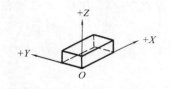

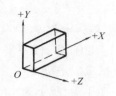

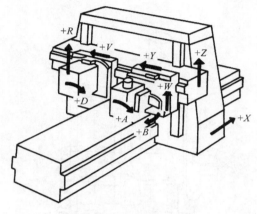

图 1-9 龙门移动式数控铣床

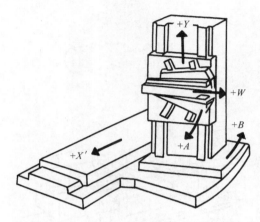

图 1-10 五坐标工作台移动式数控铣床

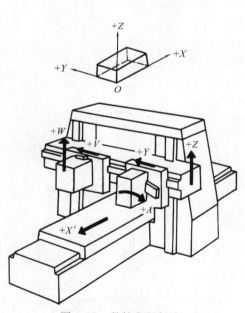

图 1-11 数控龙门铣床

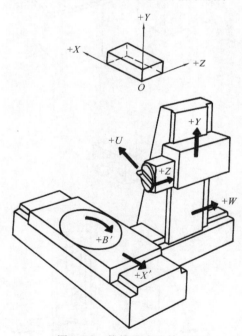

图 1-12 数控卧式镗铣床

标，箭头表示正方向。当考虑刀具移动时，用不加 "'" 的字母表示运动的正方向；当考虑工件移动时，则用加 "'" 的字母表示。加 "'" 与不加 "'" 的字母所表示的运动方向正好相反。在图中没有列出的机床，可按前述的原则命名运动的坐标。对于使用者，机床运动的坐标可在机床的使用说明书上找到。不少数控机床还用标牌将运动的坐标注在机床显著位置。

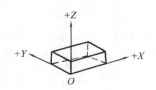

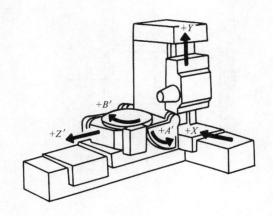

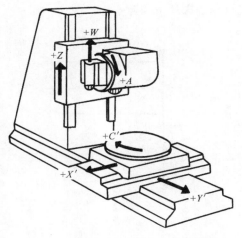

图 1-13 五坐标摆动工作台数控铣床

图 1-14 五坐标摆动铣头式数控铣床

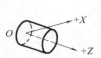

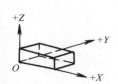

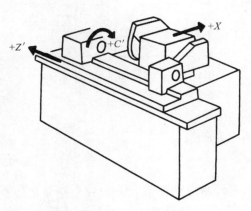

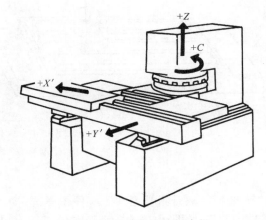

图 1-15 数控外圆磨床

图 1-16 数控转盘式压力机

二、坐标系的原点

在确定了机床各坐标轴及方向后，还应进一步确定坐标系原点的位置。

1. 机床原点

机床原点是指在机床上设置的一个固定的点，即机床坐标系的原点。它在机床装配、调试时就已确定下来了，是数控机床进行加工运动的基准参考点。在数控车床上，一般取在卡盘端面与主轴中心线的交点处，如图 1-17a 中 O_1 即为机床原点。在数控铣床上，机床原点一般取在 X、Y、Z 三个直线坐标轴正方向的极限位置上，如图 1-18a 中 O_1 即为立式数控铣床的机床原点。

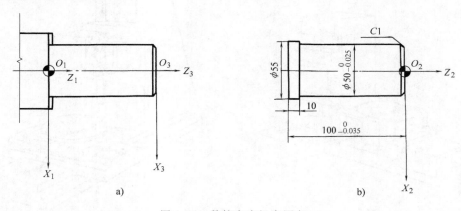

a)   b)

图 1-17   数控车床机床原点

a）数控车床坐标系   b）车削加工零件

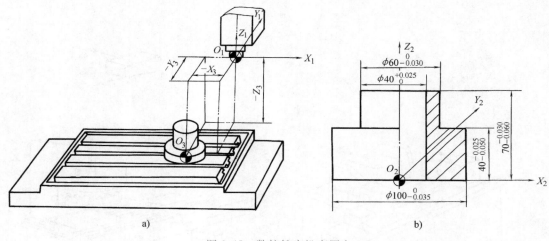

a)   b)

图 1-18   数控铣床机床原点

a）数控铣床坐标系   b）铣削加工零件

2. 编程原点

编程原点是指根据加工零件图样选定的编制零件程序的原点，即编程坐标系的原点，如图 1-17b 及图 1-18b 中所示的 O_2 点。编程原点应尽量选择在零件的设计基准或工艺基准上，并考虑到编程的方便性，编程坐标系中各轴的方向应该与所使用数控机床相应的坐标轴方向一致。

3. 加工原点

加工原点也称程序原点，是指零件被装夹好后，相应的编程原点在机床原点坐标系中的位置。在加工过程中，数控机床是按照工件装夹好后的加工原点及程序要求进行自动加工的。加工原点如图 1-17a 和图 1-18a 中所示的 O_3 点。加工坐标系原点与机床坐标系原点在 X、Y、Z 方向的距离 X_3、Y_3、Z_3，分别称为 X、Y、Z 向的原点设定值。

因此，编程人员在编制程序时，只要根据零件图样就可以选定编程原点、建立编程坐标系、计算坐标数值，而不必考虑工件毛坯装夹的实际位置。对加工人员来说，则应在装夹工件、调试程序时，确定加工原点的位置，并在数控系统中给予设定（即给出原点设定值），这样数控机床才能按照准确的加工坐标系位置开始加工。

三、绝对坐标系和增量坐标系

刀具（或机床）运动位置的坐标值是相对于固定的坐标原点给出的，即称为绝对坐标，该坐标系称为绝对坐标系。如图 1-19a 所示，A、B 点的坐标均以固定的坐标原点计算，其坐标值为：$X_A = 10$，$Y_A = 12$，$X_B = 30$，$Y_B = 37$。

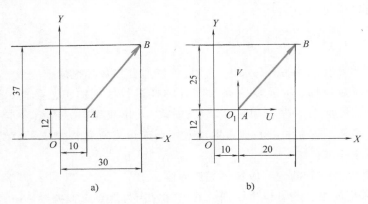

图 1-19　绝对坐标与增量坐标
a）绝对坐标系　b）增量坐标系

刀具（或机床）运动位置的坐标值是相对于前一位置，而不是相对于固定的坐标原点给出的，称为增量坐标系。常使用代码表中的第二坐标 U、V、W 表示。U、V、W 分别与 X、Y、Z 平行且同向。图 1-19b 中，B 点的坐标是相对于前面的 A 点给出的，其增量坐标为

$$U_B = 20, \quad V_B = 25$$

U-V 坐标系称为增量坐标系。在程序编制过程中，是使用绝对坐标系还是使用增量坐标系，可以根据需要和方便用 G 指令来选择。

第三节　数控加工的工艺设计

在数控机床上加工零件，首先遇到的问题就是工艺问题。数控机床的加工工艺与普通机床的加工工艺有许多相同之处，也有许多不同，在数控机床上加工的零件通常要比普通机床所加工的零件工艺规程复杂得多。在数控机床加工前，要将机床的运动过程、零件的工艺过程、刀具的形状、切削用量和走刀路线等都编入程序，这就要求程序设计人员要有多方面的知识基础。合格的程序员首先是一个很好的工艺人员，应对数控机床的性能、特

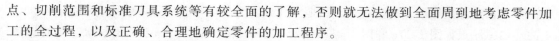

点、切削范围和标准刀具系统等有较全面的了解，否则就无法做到全面周到地考虑零件加工的全过程，以及正确、合理地确定零件的加工程序。

数控机床是一种高效率的设备，它的效率一般高于普通机床2~4倍。要充分发挥数控机床的这一特点，必须熟练掌握数控机床的性能、特点及使用方法，同时还必须在编程之前正确地确定加工方案，进行工艺设计，再考虑编程。

根据实际应用中的经验，数控加工工艺主要包括下列内容：

1）选择并确定零件的数控加工内容。

2）零件图样的数控工艺性分析。

3）数控加工的工艺路线设计。

4）数控加工工序设计。

5）数控加工专用技术文件的编写。

其实，数控加工工艺设计的原则和内容在许多方面与普通加工工艺相同，下面主要针对不同点进行简要说明。

一、数控加工工艺内容的选择

对于某个零件来说，并非全部加工工艺过程都适合在数控机床上完成，而往往只是其中的一部分适合于数控加工。这就需要对零件图样进行仔细的工艺分析，选择那些最适合、最需要进行数控加工的内容和工序。在选择并做出决定时，应结合本企业设备的实际，立足于解决难题、攻克关键和提高生产效率，充分发挥数控加工的优势。在选择时，一般可按下列顺序考虑：

1）通用机床无法加工的内容应作为优选内容。

2）通用机床难加工、质量也难以保证的内容应作为重点选择内容。

3）通用机床效率低、工人手工操作劳动强度大的内容，可在数控机床尚存在富余能力的基础上进行选择。

一般来说，上述这些加工内容采用数控加工后，在产品质量、生产效率与综合效益等方面都会得到明显提高。相比之下，下列一些内容则不宜选择采用数控加工：

1）占机调整时间长。例如，以毛坯的粗基准定位加工第一个精基准，要用专用工装协调的加工内容。

2）加工部位分散，要多次安装、设置原点。这时，采用数控加工很麻烦，效果不明显，可安排通用机床补加工。

3）按某些特定的制造依据（如样板等）加工的型面轮廓。主要原因是获取数据困难，易与检验依据发生矛盾，增加编程难度。

此外，在选择和确定加工内容时，也要考虑生产批量、生产周期、工序间周转情况等。总之，要尽量做到合理，达到多、快、好、省的目的。要防止把数控机床降格为通用机床使用。

二、数控加工工艺性分析

在选择和确定数控加工内容的过程中，数控技术人员已经对零件图样做过一些工艺性分析，但还不够具体与充分。在进行数控加工的工艺分析时，还应根据所掌握的数控加工基本特点及所用数控机床的功能和实际工作经验，力求把这一前期准备工作做得更仔细、更扎实一些，以便为下面要进行的工作铺平道路，减少失误和返工，不留隐患。

对图样的工艺性分析与审查，一般是在零件图样设计和毛坯设计以后进行的，特别是在把原来采用通用机床加工的零件改为数控加工的情况下，零件设计都已经定型，如果再要求根据数控加工工艺的特点，对图样或毛坯进行较大的更改，一般是比较困难的，所以，一定要把重点放在零件图样或毛坯图样初步设计定型之前的工艺性审查与分析上。因此，编程人员要与设计人员密切合作，参与零件图样审查，提出恰当的修改意见，在不损害零件使用特性的许可范围内，更多地满足数控加工工艺的各种要求。

关于数控加工的工艺性问题，其涉及面很广，这里仅从数控加工的可能性与方便性两个角度提出一些必须分析和审查的主要内容。

1. 尺寸标注应符合数控加工的特点

在数控编程中，所有点、线、面的尺寸和位置都是以编程原点为基准的。因此，零件图中最好直接给出坐标尺寸，或尽量以同一基准引注尺寸。这种标注法，既便于编程，也便于尺寸之间的相互协调，在保持设计、工艺、检测基准与编程原点设置的一致性方面带来很大方便。由于零件设计人员往往在尺寸标注中较多地考虑装配等使用特性方面，而不得不采取局部分散的标注方法，这样会给工序安排与数控加工带来诸多不便。事实上，由于数控加工精度及重复定位精度都很高，不会因产生较大的累积误差而破坏使用性能，因而将局部的分散标注法改为集中引注或坐标式尺寸是完全可以的。

2. 几何要素的条件应完整、准确

在程序编制中，编程人员必须充分掌握构成零件轮廓的几何要素参数及各几何要素间的关系。因为在自动编程时要对构成零件轮廓的所有几何元素进行定义，手工编程时要计算出每一个节点的坐标，无论哪一点不明确或不确定，编程都无法进行。但由于零件设计人员在设计过程中由于考虑不周或被忽略，常常会出现给出参数不全或不清楚，也可能有自相矛盾之处，如圆弧与直线、圆弧与圆弧到底是相切还是相交或相离状态。这就增加了数学处理与节点计算的难度。所以，在审查与分析图样时，一定要仔细认真，发现问题及时找设计人员更改。

3. 定位基准可靠

在数控加工中，加工工序往往较集中，可对零件进行双面、多面的顺序加工，以同一基准定位十分必要，否则很难保证两次安装加工后两个面上的轮廓位置及尺寸协调。所以，如零件本身有合适的孔，最好就用它来作为定位基准孔，即使零件上没有合适的孔，也要想办法专门设置工艺孔作为定位基准。如零件上实在无法制出工艺孔，可以考虑以零件轮廓的基准边定位或在毛坯上增加工艺凸耳，制出工艺孔，在完成定位加工后再除去的方法。

此外，在数控铣削工艺中也常常需要对零件轮廓的凹圆弧半径及毛坯的有关问题提一些特殊要求，这些内容将在第四章中讨论。

三、数控加工工艺路线的设计

数控加工的工艺路线设计与用通用机床加工的工艺路线设计的主要区别在于，它不是

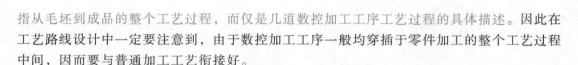

指从毛坯到成品的整个工艺过程，而仅是几道数控加工工序工艺过程的具体描述。因此在工艺路线设计中一定要注意到，由于数控加工工序一般均穿插于零件加工的整个工艺过程中间，因而要与普通加工工艺衔接好。

另外，许多在通用机床加工时由工人根据自己的实践经验和习惯所自行决定的工艺问题，如工艺中各工步的划分与安排、刀具的几何形状、走刀路线及切削用量等，都是数控工艺设计时必须认真考虑的内容，并将正确的选择编入程序中。在数控工艺路线设计中主要应注意以下几个问题。

1. 工序的划分

根据数控加工的特点，数控加工工序的划分一般可按下列方法进行：

1）以一次安装、加工作为一道工序。这种方法适合于加工内容不多的工件，加工完后就能达到待检状态。

2）以同一把刀具加工的内容划分工序。有些零件虽然能在一次安装中加工出很多待加工面，但考虑到程序太长，会受到某些限制，如控制系统的限制（主要是内存容量）、机床连续工作时间的限制（如一道工序在一个工作班内不能结束）等。此外，程序太长会增加出错与检索困难。因此程序不能太长，一道工序的内容不能太多。

3）以加工部位划分工序。对于加工内容很多的零件，可按其结构特点将加工部位分成几个部分，如内形、外形、曲面或平面。

4）以粗、精加工划分工序。对于易发生加工变形的零件，由于粗加工后可能发生的变形而需要进行校形，故一般来说，凡要进行粗、精加工的都要将工序分开。

总之，在划分工序时，一定要视零件的结构与工艺性、机床的功能、零件数控加工内容的多少、安装次数及本企业生产组织状况灵活掌握。采用工序集中的原则还是采用工序分散的原则，也要根据实际情况合理确定。

2. 顺序的安排

顺序的安排应根据零件的结构和毛坯状况，以及定位安装与夹紧的需要来考虑，重点是工件的刚性不被破坏。顺序安排一般应按以下原则进行：

1）上道工序的加工不能影响下道工序的定位与夹紧，中间穿插有通用机床加工工序的也要综合考虑。

2）先进行内形、内腔加工工序，后进行外形加工工序。

3）以相同定位、夹紧方式或同一把刀具加工的工序，最好接连进行，以减少重复定位次数、换刀次数与挪动压板次数。

4）在同一次安装中进行的多道工序，应先安排对工件刚性破坏较小的工序。

3. 数控加工工艺与普通工序的衔接

数控工序前后一般都穿插有其他普通工序，如衔接得不好就容易产生矛盾，因此在熟悉整个加工工艺内容的同时，要清楚数控加工工序与普通加工工序各自的技术要求、加工目的、加工特点，如：要不要留加工余量，留多少；定位面与孔的精度要求及几何公差；对校形工序的技术要求；对毛坯热处理状态的要求等。这样才能使各工序达到相互能满足加工需要，且质量目标及技术要求明确，交接验收有依据。

数控工艺路线设计是下一步工序设计的基础，其设计质量会直接影响零件的加工质量与生产效率。设计工艺路线时，应对零件图、毛坯图认真消化，结合数控加工的特点，灵活运用普通加工工艺的一般原则，尽量把数控加工工艺路线设计得更合理一些。

四、数控加工工序的设计

当数控加工工艺路线设计完成后，各道数控加工工序的内容已基本确定，要达到的目标已比较明确，对其他一些问题（如刀具、夹具、量具、装夹方式等）也大体做到心中有数，接下来便可以着手数控加工工序设计。

在确定工序内容时，要充分注意到数控加工的工艺是十分严密的。因为数控机床虽然自动化程度较高，但自适应性差。它不能像通用机床，加工时可以根据加工过程中出现的问题比较自由地进行人为调整，即使现代数控机床在自适应调整方面做出了不少努力与改进，但自由度也不大。例如，在数控机床上攻螺纹时，数控机床自身并不知道孔中是否已挤满了切屑，是否需要退一下刀，或清理一下切屑再干。因此，在数控加工的工序设计中必须注意加工过程中的每一个细节。同时，在对图形进行数学处理、计算和编程时，都要力求准确无误。因为数控机床比同类通用机床价格要高得多，在数控机床上加工的也都是一些形状比较复杂、价值也较高的零件，万一损坏机床或零件都会造成较大的损失。在实际工作中，由于一个小数点或一个逗号的差错而酿造重大机床事故和质量事故的例子也是屡见不鲜的。

数控工序设计的主要任务是进一步把本工序的加工内容、切削用量、工艺装备、定位夹紧方式及刀具运动轨迹都确定下来，为编制加工程序做好充分准备。

1. 确定走刀路线和安排工步顺序

在数控加工工艺过程中，刀具时刻处于数控系统的控制下，因而每一时刻都应有明确的运动轨迹及位置。走刀路线就是刀具在整个加工工序中的运动轨迹，它不但包括工步内容，也反映工步顺序。走刀路线是编写程序的依据之一，因此，在确定走刀路线时，最好画一张工序简图，将已经拟定出的走刀路线画上去（包括进、退刀路线），这样可为编程带来不少方便。工步的划分与安排一般可随走刀路线来进行，在确定走刀路线时，主要考虑以下几点：

1）寻求最短加工路线，减少空刀时间，以提高加工效率。

2）为保证工件轮廓表面加工后的表面粗糙度要求，最终轮廓应安排在最后一次走刀中连续加工出来。

3）刀具的进、退刀（切入与切出）路线要认真考虑，以尽量减少在轮廓切削中停刀（切削力突然变化造成弹性变形）而留下刀痕，也要避免在工件轮廓面上垂直上下刀而划伤工件。

4）要选择工件在加工后变形小的路线，对横截面积小的细长零件或薄板零件，应采用分几次走刀加工到最后尺寸或对称去余量法安排走刀路线。

2. 定位基准与夹紧方案的确定

在确定定位基准与夹紧方案时应注意下列三点：

1）尽可能做到设计、工艺与编程计算的基准统一。

2）尽量将工序集中，减少装夹次数，尽量做到在一次装夹后就能加工出全部待加工表面。

3）避免采用占机人工调整装夹方案。

3. 夹具的选择

由于夹具确定了零件在机床坐标系中的位置，即加工原点的位置，因而首先要求夹具能保证零件在机床坐标系中的正确坐标方向，同时协调零件与机床坐标系的尺寸。除此之外，主要考虑下列几点：

1）当零件加工批量小时，尽量采用组合夹具、可调式夹具及其他通用夹具。

2）当小批量或成批生产时才考虑采用专用夹具，但应力求结构简单。

3）夹具要开敞，其定位、夹紧机构元件不能影响加工中的走刀（如产生碰撞等）。

4）装卸零件要方便可靠，以缩短准备时间，有条件时，批量较大的零件应采用气动或液压夹具、多工位夹具。

4. 刀具的选择

数控机床对所使用的刀具有许多性能上的要求，只有达到这些要求才能使数控机床真正发挥效率。在选择数控机床所用刀具时应注意以下几个方面：

（1）良好的切削性能　现代数控机床正向着高速、高刚性和大功率方向发展，因而所使用的刀具必须具有能够承受高速切削和强力切削的性能。同时，同一批刀具在切削性能和刀具寿命方面一定要稳定，这是由于在数控机床上为了保证加工质量，往往实行按刀具使用寿命换刀或由数控系统对刀具寿命进行管理。

（2）较高的精度　随着数控机床、柔性制造系统的发展，要求刀具能实现快速和自动换刀；又由于加工的零件日益复杂和精密，这就要求刀具必须具备较高的形状精度。对数控机床上所用的整体式刀具也提出了较高的精度要求，有些立铣刀的径向尺寸精度高达 $5\mu m$，以满足精密零件的加工需要。

（3）先进的刀具材料　刀具材料是影响刀具性能的重要环节。除了不断发展常用的高速钢和硬质合金钢材料外，涂层硬质合金刀具已在国内外普遍使用。硬质合金刀片的涂层工艺是在韧性较大的硬质合金基体表面沉积一薄层（一般 $5\sim7\mu m$）高硬度的耐磨材料，把硬度和韧性很好地结合在一起，从而改善硬质合金刀片的切削性能。

在如何使用数控机床刀具方面，也应掌握一条原则：尊重科学，按切削规律办事。对于不同的零件材质，在客观规律上就有一个切削速度（v_c）、背吃刀量（a_p）、进给量（f）三者互相适应的最佳切削参数。这对大零件、稀有金属零件、贵重材料零件更为重要，应在实践中不断摸索这个最佳切削参数。

在选择刀具时，要注意对工件的结构及工艺性认真分析，结合工件材料、毛坯余量及刀具加工部位综合考虑。在确定好以后，要把刀具规格、专用刀具代号和该刀所要加工的内容列表记录下来，供编程时使用。

5. 确定刀具与工件的相对位置

对于数控机床来说，在加工开始时，确定刀具与工件的相对位置是很重要的，它是通过对刀点来实现的。对刀点是指通过对刀确定刀具与工件相对位置的基准点。在程序编制时，不管实际上是刀具相对工件移动，还是工件相对刀具移动，都是把工件看作静止，而刀具在运动。对刀点往往就是零件的加工原点。它可以设在被加工零件上，也可以设在夹具上与零件定位基准有一定尺寸联系的某一位置。对刀点的选择原则如下：

1）所选的对刀点应使程序编制简单。

2）对刀点应选择在容易找正、便于确定零件的加工原点的位置。

3）对刀点的位置应在加工时检查方便、可靠。

4）有利于提高加工精度。

例如，加工前述图 1-18b 所示的零件时，对刀点的选择如图 1-20 所示。当按照图示路线来编制数控程序时，选择夹具定位元件圆柱销的中心线与定位平面 A 的交点作为加工的对刀点。显然，这里的对刀点也恰好是加工原点。

在使用对刀点确定加工原点时，就需要进行"对刀"。所谓对刀是指使"刀位点"与"对刀点"重合的操作。"刀位点"是指刀具的定位基准点。圆柱铣刀的刀位点是刀具中心线

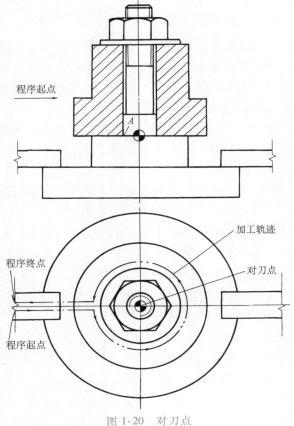

图 1-20　对刀点

与刀具底面的交点；球头铣刀是球头的球心点；车刀的刀位点是刀尖或刀尖圆弧中心；钻头的刀位点是钻尖。对刀的具体办法将在以下章节中结合机床进行介绍。

换刀点是为加工中心、数控车床等多刀加工的机床编程而设置的，因为这些机床在加工过程中间要自动换刀。对于手动换刀的数控铣床等机床，也应确定相应的换刀位置。为防止换刀时碰伤零件或夹具，换刀点常常设置在被加工零件轮廓之外，并要有一定的安全量。

6. 确定加工用量

当编制数控加工程序时，编程人员必须确定每道工序的切削用量。确定时一定要根据机床说明书中规定的要求，以及刀具寿命去选择，当然也可结合实践经验采用类比的方法来确定切削用量。在选择切削用量时，要充分保证刀具能加工完一个零件，或保证刀具寿命不低于一个工作班，最少也不低于半个班的工作时间。

背吃刀量主要受机床刚度的限制，在机床刚度允许的情况下，尽可能使背吃刀量等于零件的加工余量，这样可以减少走刀次数，提高加工效率。对于表面粗糙度值要求较小和精度要求较高的零件，要留有足够的精加工余量，数控加工的精加工余量可以比通用机床加工的余量小一些。切削速度、进给速度等参数的选择与普通机床加工基本相同，选择时还应注意机床的使用说明书。在计算好各部位与各把刀具的切削用量后，最好能建立一张切削用量表，主要是为了防止遗忘和方便编程。

五、数控加工专用技术文件的编写

编写数控加工专用技术文件是数控加工工艺设计的内容之一。这些专用技术文件既是数控加工的依据、产品验收的依据，也是需要操作者遵守、执行的规程；有的则是加工程序的具体说明或附加说明，目的是让操作者更加明确程序的内容、装夹方式、各个加工部位所选用的刀具及其他问题。

为加强技术文件管理，数控加工专用技术文件也应标准化、规范化，但目前国内尚无统一标准，下面介绍几种数控加工专用技术文件，供参考使用。

1. 数控加工工序卡

数控加工工序卡与普通加工工序卡有许多相似之处，所不同的是：草图中应注明编程原点与对刀点，要进行编程简要说明（如所用机床型号、程序介质、程序编号、刀具半径补偿方式、镜像加工对称方式等）及切削参数（即程序编入的主轴转速、进给速度、最大背吃刀量或宽度等）的确定。

在工序加工内容不十分复杂的情况下，用数控加工工序卡的形式较好，可以把零件草图、尺寸、技术要求、工序内容及程序要说明的问题集中反映在一张卡片上，做到一目了然。数控加工工序卡参见表1-3。

表1-3　数控加工工序卡

单位	数控加工工序卡	产品名称或代号		零件名称	零件图号
工序简图		车　间		使用设备	
		工艺序号		程序编号	
		夹具名称		夹具编号	

工步号	工步作业内容	加工面	刀具号	刀补量	主轴转速	进给速度	背吃刀量	备注
编制	审核	批准		年 月 日		共　页		第　页

2. 数控加工进给路线图

在数控加工中，常常要注意并防止刀具在运动中与夹具、工件等发生意外的碰撞，为此必须设法告诉操作者关于编程中的刀具运动路线（如从哪里下刀，在哪里抬刀，哪里是斜下刀等），使操作者在加工前就有所了解并计划好夹紧位置及控制夹紧元件的高度，这样可以减少上述事故的发生。此外，对有些被加工零件，由于工艺性问题，必须在加工中挪动夹紧位置，也需要事先告诉操作者：在哪个程序段前挪动，夹紧点在零件的什么地方，然后更换到什么地方，需要在什么地方事先备好夹紧元件等，以防出现安全问题。这些用程序说明卡和工序说明卡是难以说明或表达清楚的，如用走刀路线图加以附加说明，效果就会更好。数控加工走刀路线图如图 1-21 所示。

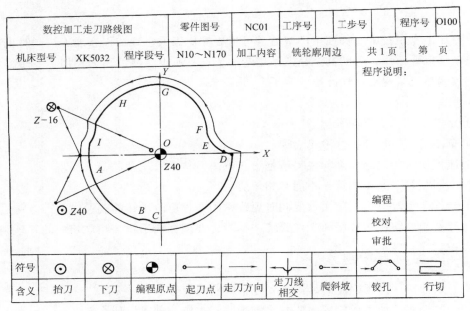

图 1-21　数控加工走刀路线图

实践证明，由于操作者对程序的内容不清楚，对编程人员的意图不够理解，经常需要编程人员在现场进行口头解释、说明与指导，这种做法在程序仅使用一两次就不再用的场合还是可以的，但是若程序是用于长期批量生产的，则编程人员很难都到达现场。再者，如程序编制人员临时不在现场或调离，已熟悉的操作工人不在场或调离，麻烦就更多了，弄不好会造成质量事故或临时停产。因此，对加工程序进行必要的详细说明是很有用的，特别是对于那些需要长时间保留和使用的程序尤其重要。

根据应用实践，一般应对加工程序做出说明的主要内容如下：

1）所用数控设备型号及数控系统型号。

2）对刀点（编程原点）及允许的对刀误差。

3）加工原点的位置及坐标方向。

4）镜像加工使用的对称轴。

5）所用刀具的规格、图号及其在程序中对应的刀具号，必须按实际刀具半径或长度加大或缩小补偿值的特殊要求（如用同一条程序、同一把刀具利用改变刀具半径补偿值进行粗、精加工时）、更换该刀具的程序段号等。

6）整个程序加工内容的安排（相当于工步内容说明与工步顺序），使操作者明白先干什么，后干什么。

7）子程序的说明。对程序中编入的子程序应说明其内容，使操作者明白这一子程序是干什么的。

8）其他需要作特殊说明的问题，如：需要在加工中更换夹紧点（挪动压板）的计划停机程序段号，中间测量用的计划停机段号，允许的最大刀具半径和长度补偿值等。

为简化走刀路线图，一般可采取统一约定的符号来表示。不同的机床可以采用不同图例与格式，请注意后续几章的介绍。

3. 编写要求

数控加工专用技术文件在生产中通常可指导操作工人正确按程序加工，同时也可对产品的质量起保证作用，有的甚至是产品制造的依据。所以，在编写数控加工专用技术文件时，应像编写工艺规程一样准确、明了。

编写基本要求：

1）字迹工整、文字简练达意。

2）草图清晰、尺寸标注准确无误。

3）应该说明的问题要全部说得清楚、正确。

4）文图相符、文实相符，不能互相矛盾。

5）当程序更改时，相应文件要同时更改，须办理更改手续的要及时办理。

6）准备长期使用的程序和文件要统一编号，办理存档手续，建立相应的管理制度。

练习与思考题

1-1　数控机床加工程序的编制主要包括哪些内容？

1-2　数控机床加工程序编制的方法有哪些？它们分别适用什么场合？

1-3　编程中常用的程序字有哪些？其中顺序号字与计算机高级语言程序中的标号有何区别？

1-4　在数控机床加工中，应考虑建立哪些坐标系？它们之间有何关系？

1-5　在确定数控机床加工工艺内容时，应首先考虑哪些方面的问题？

1-6　数控加工工序设计的目的是什么？工序设计的内容有哪些？

1-7　对刀点有何作用？应如何确定对刀点？

1-8　什么叫"刀位点"？试用简图表示立铣刀、球头铣刀、车刀和钻头的刀位点。

1-9　常用的数控加工专用技术文件有哪些？各有什么作用？

第二章

常用编程指令及数学处理

在上一章中，我们已经知道数控加工程序是由各种功能字按规定的格式组成的。正确地理解各个功能字的含义，恰当地使用各种功能字，是编好数控加工程序的关键。此外，在编写程序的过程中，还要进行一系列的数学计算，如零件轮廓上和刀具中心轨迹上一些点的坐标计算，特别是一些非圆曲线的数值计算。上述这些都应在编程前做好充分准备。

第一节　常用编程指令

为了使数控机床按要求进行切削加工，人们就要用程序的形式给它输入必要的指令。这种程序指令的规则和格式必须严格符合这种机床（数控系统）的要求和规定，否则机床（数控系统）就无法工作。可见，弄清楚编程规则是编制加工程序的先决条件。编程规则首先是由所用的数控系统决定的，所以应详细阅读数控系统的"编程说明书"。有些数控系统留一小部分规则给机床（数控系统）选择或规定，所以加工程序的编程规则也与具体的机床（包括型号和制造厂）有关。这就要求详细阅读"机床说明书"。这里仅就一些共性概念进行说明。

一、绝对尺寸与增量尺寸指令——G90、G91

尺寸字指令的实质是坐标尺寸。它的指令含义分绝对坐标尺寸和增量坐标尺寸两种。绝对坐标尺寸是指在指定的坐标系中，机床运动位置的坐标值是相对于坐标原点给出的；增量坐标尺寸是指机床运动位置的坐标值是相对于前一位置给出的。在加工程序中，绝对尺寸与增量尺寸有两种表达方式。第一类是用 G 指令规定，一般用 G90 指令绝对尺寸，用 G91 指令增量尺寸，这是一对模态（续效）指令。这类表达方式有两个特点：第一，绝对尺寸与增量尺寸在同一程序段内只能用一种，不能混用；第二，无论是绝对尺寸还是增量尺寸，在同一轴向的尺寸字的地址符要相同，如 X 向都用 X。第二类不是用 G 指令规定，而直接用地址符来区分是绝对尺寸还是增量尺寸。例如，X、Y、Z 向的绝对尺寸字地址分别用 X、Y、Z，而增量尺寸字地址分别用 U、V、W 来表示。这类表达方式也有两个特点：第一，不但在同一程序中，而且在同一程序段中，绝对尺寸与增量尺寸可以混

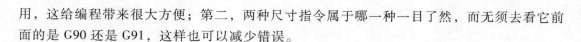

用，这给编程带来很大方便；第二，两种尺寸指令属于哪一种一目了然，而无须去看它前面的是 G90 还是 G91，这样也可以减少错误。

二、预置寄存指令——G92

该指令的作用是按照程序规定的尺寸字设置或修改坐标位置，不产生机床运动。通过该指令设定起刀点即程序开始运动的起点，从而建立加工坐标系。应该注意的是，该指令只是设定坐标系，机床（刀具或工作台）并未产生任何运动。

指令格式：

G92   X~   Y~   Z~

其中   X、Y、Z——指定起刀点相对于加工原点的位置。

例如，在图 2-1a 中，若加工坐标系如图所示，加工坐标系原点在 O 点，刀具起刀点在 A 点，则设定该加工坐标系的程序段为：

G92 X20 Y30

应注意的是，用这种方式设置的加工原点是随刀具起始点位置的变化而变化的，这一点在重复加工中应予注意。

若仍以图 2-1a 为例，当刀具起刀点在 B 点，要建立图示的加工坐标系时，则设定该加工坐标系的程序段为：

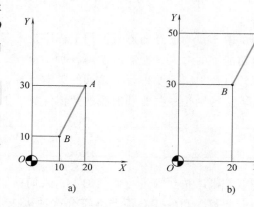

图 2-1   设置加工坐标系

G92 X10 Y10

这时，若仍用程序段"G92 X20 Y30"来设置坐标系，则所设置的加工坐标系如图 2-1b 所示。

需要指出的是，现代数控机床一般既可用预置寄存的方法设定坐标系，也可用 CRT/MDI（Cathode-ray Tube/Man Data Input）手工输入方法设置加工坐标系。当采用后者设定加工坐标系时，即使开始执行程序时刀具不在起始位置，也不会产生坐标系的混乱。这一设置方法将在后续章节中结合具体机床介绍。

三、坐标平面选择指令——G17、G18、G19

坐标平面选择指令是用来选择圆弧插补平面和刀具补偿平面的。

G17 指令为机床进行 XY 平面上的加工，G18、G19 分别为 ZX、YZ 平面上的加工，如图 2-2 所示。在数控车床上一般默认为在 ZX 平面内加工；在数控铣床上，数控系统一般默认为在 XY 平面内加工。若要在其他平面上加工则应使用坐标平面选择指令。

指令格式：

G17/G18/G19

移动指令与平面选择无关，例如"G17 Z~"，这条指令可使机床在 Z 轴方向上产生移动。

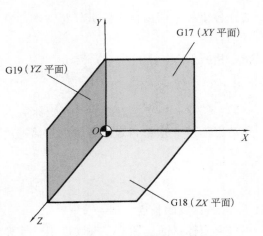

图 2-2 坐标平面选择

四、快速点定位指令——G00

该指令命令刀具以点位控制方式从刀具所在点快速移动到下一个目标位置。在机床上，G00 的具体速度一般是用参数来设定的。G00 的速度一经设定后不宜常做改变。三轴联动机床是这样来执行 G00 指令的：从程序执行开始，加速到指定的速度，然后以此快速移动，最后减速到达终点，如图 2-3a 所示。假定根据指定三个坐标方向都有位移量，那么三个坐标的伺服电动机同时按设定的速度驱动刀架或工作台位移，当某一轴向完成了位移时，该向的电动机停止，余下的两轴继续移动。当又有一轴向完成位移后，只剩下最后一个轴向移动，直至到达指令点。这种单向趋近方法，有利于提高定位精度。可见，G00 指令的运动轨迹一般不是一条直线，而是三条或两条直线段的组合，如图 2-3b 所示。只有在几种特殊情况下，它的运动轨迹才是一条直线。忽略这一点，就容易发生碰撞，而在快速状态下的碰撞又相当危险。

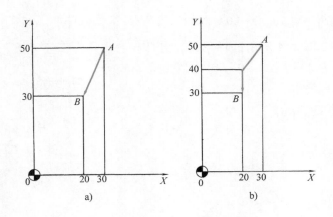

图 2-3 快速点定位

指令格式：

G00 X~   Y~   Z~

其中   X、Y、Z——目标位置的坐标值。

五、直线插补指令——G01

该指令用于产生按指定进给速度的直线运动，可使机床沿 X、Y、Z 方向执行单轴运动，或在各坐标平面内执行具有任意斜率的直线运动，也可使机床三轴联动，沿指定空间直线运动。

指令格式：

G01　X～　Y～　Z～　F～

其中　X、Y、Z——指定直线的终点坐标值。

移动速度用 F 指令指定。各轴的进给速度如下

$$F_X = \frac{X}{L}F, \qquad F_Y = \frac{Y}{L}F$$

式中　L——直线的长度，$L = \sqrt{X^2 + Y^2}$。

在直角坐标系的三轴或多轴联动中，计算方法同上。在有旋转坐标时，应将进给速度单位由角度单位（°）变为直线移动单位（mm 或 in），并且控制 X 和 Y 直角坐标系中切削进给速度，以使它和由 F 指令所规定的速度相等。旋转轴的进给速度仍可按上式计算，只是它的单位变成 rad/min。例如：

G90　G01　A45　F300

例如，若要加工图 2-1a 所示的直线 AB，刀具起始点在 A 点。当采用绝对尺寸编程时，程序段为：

N20　G90　G01　X10　Y10　F100

当采用增量尺寸编程时，程序段为：

N20　G91　G01　X-10　Y-20　F100

例如，若要加工图 2-4 所示的梯形时，刀具起始点在 A 点，加工路线为 A→B→C→D→A。当采用绝对尺寸编程时，程序段为：

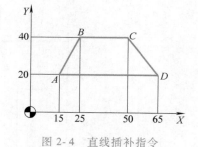

图 2-4　直线插补指令

```
G90   X25   Y40   F100
      X50
      X65   Y20
      X15
```

当采用增量尺寸编程时，程序段为：

```
G91   X10   Y20   F100
      X25
      X15   Y-20
      X-50
```

课堂练习：图 2-5 所示的六边形，刀具起始点在 A 点，加工路线为 A→B→C→D→E→F→A，分别采用绝对尺寸和增量尺寸编程。

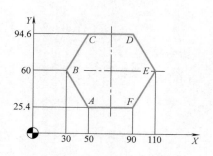

图 2-5　直线插补指令练习

六、圆弧插补指令——G02、G03

G02 表示按指定进给速度的顺时针圆弧插补，G03 表示按指定进给速度的逆时针圆弧插补，这对各类数控系统都是一样的。目前，多数数控系统都能跨象限一次指令圆弧。

圆弧顺、逆方向的判别方法是：沿着不在圆弧平面内的坐标轴由正方向向负方向看去，顺时针方向为 G02，逆时针方向为 G03，如图 2-6 所示。

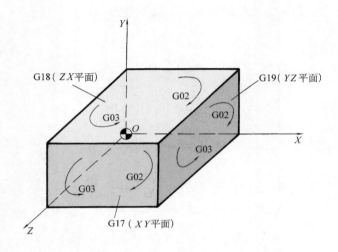

图 2-6　圆弧顺、逆方向的判别

指令格式：

在 XY 平面内 G17	$\begin{cases} G02 \\ G03 \end{cases}$	X~　Y~　I~　J~　F~
在 ZX 平面内 G18	$\begin{cases} G02 \\ G03 \end{cases}$	X~　Z~　I~　K~　F~
在 YZ 平面内 G19	$\begin{cases} G02 \\ G03 \end{cases}$	Y~　Z~　J~　K~　F~

其中　X、Y、Z——指定圆弧终点的位置；

　　　I、J、K——指定圆弧的圆心位置，多数数控系统规定，I、J、K 在任何情况下都是从圆弧起点开始到圆心的增量尺寸。

圆弧插补的切向进给速度等于 F 代码规定的切削进给速度。指令的进给速度和实际的刀具进给速度之间的误差小于 ±2%。在有刀具补偿时，实际的刀具进给速度是刀具中心轨迹的速度。

如图 2-7 所示，当刀具已经在圆弧起始点 A 要加工 $\overset{\frown}{AB}$ 段圆弧时，采用绝对尺寸编程的指令格式为：

G90　G17　G03　XB　YB　I-p　J-q　F~

采用增量尺寸编程的指令格式为：

G91　G17　G03　X-u　Yv　I-p　J-q　F~

需要注意的是，也有少数数控系统（例如美国 A-B 公司的 8400 系统）规定，I、J、K 也像其他尺寸字一样由 G90、G91 来决定是绝对尺寸还是增量尺寸。对于车床的数控系

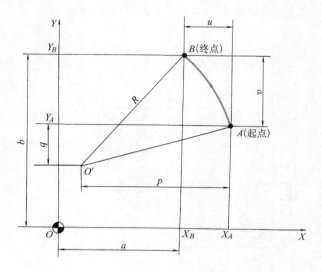

图 2-7　圆弧插补指令的应用

统，多数规定 I、J、K 在任何情况下都是半径指定编程，只有一些东欧国家生产的数控系统也可以使用直径指定。随着数控功能的扩大，现在不少数控系统已能用圆弧半径直接编程，即在 G02/G03 指令的程序段中，可直接指令圆弧半径，而不必再指令 I、J、K 字。指令半径的尺寸字地址一般是 R，但也有例外，要注意机床的使用说明书。

例如，图 2-8 所示所有圆弧的起点为 A，终点为 B。

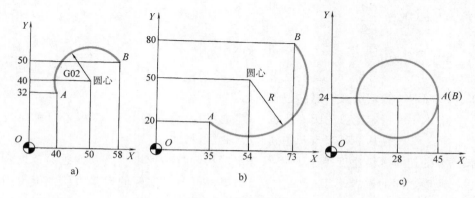

图 2-8　圆弧编程举例

在图 2-8a 中，绝对尺寸程序段为：

G90　G02　X58　Y50　I10　J8　F200

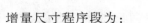

增量尺寸程序段为：

G91　G02　X18　Y18　I10　J8　F200

在图 2-8b 中，绝对尺寸程序段为：

G90　G03　X73　Y80　I19　J30　F200

增量尺寸程序段为：

G91　G03　X38　Y60　I19　J30　F200

在图 2-8c 中，绝对尺寸程序段为：

G90　G02/G03　X45　Y24　I-17　J0　F200

增量尺寸程序段为：

G91　G02/G03　X0　Y0　I-17　J0　F200

例如，若要加工图 2-9 所示的图形，刀具起始点在 A 点，加工路线为 A→B→C→D→A。当采用绝对尺寸编程时，程序段为：

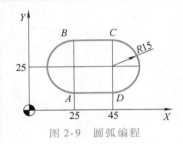

图 2-9　圆弧编程

```
G90    G02    X25    Y40    I0    J15    F100
G01    X45
G02    X45    Y10    I0    J-15    F100
G01    X25
```

当采用增量尺寸编程时，程序段为：

```
G91    G02    X0    Y30    I0    J15    F100
G01    X20
G02    X0    Y-30    I0    J-15    F100
G01    X-20
```

七、刀具半径补偿指令——G40、G41、G42

数控装置大都具有刀具半径补偿功能，为程序编制提供了方便。当编制零件加工程序时，不需要计算刀具中心运动轨迹，而只需按零件轮廓编程，使用刀具半径补偿指令，并在控制面板上用键盘（CRT/MDI）方式人工输入刀具半径值，数控系统便能自动地计算出刀具中心的偏移向量，进而得到偏移后的刀具中心轨迹，并使系统按刀具中心轨迹运动。如在图 2-10 中，当加工图示零件轮廓时，使用了刀具半径补偿指令后，数控系统会控制刀具中心自动按图中双点画线进行加工走刀。

G41——左偏刀具半径补偿。沿着刀具运动方向向前看（假设工件不动），刀具位于零件左侧的刀具半径补偿，如图 2-11 所示。

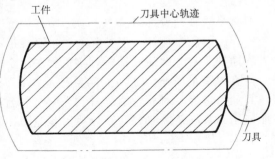

图 2-10　刀具半径补偿

G42——右偏刀具半径补偿。沿着刀具运动方向向前看（假设工件不动），刀具位于零件右侧的刀具半径补偿，如图 2-12 所示。

G40——刀具半径补偿撤销。使用该指令后，使 G41、G42 指令无效。

指令格式：

```
G01   G41/G42   X~   Y~   H~
…
…
G01   G40   X~   Y~
```

其中   X、Y——建立刀具半径补偿直线段的终点坐标值；

　　　　H——刀具偏置代号地址字，后面一般用两位数字表示代号。

H 代码中存放刀具半径值作为偏置量，用于数控系统计算刀具中心的运动轨迹。偏置量可用 CRT/MDI 方式输入。

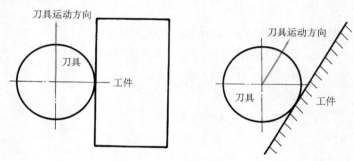

图 2-11　左偏刀具半径补偿

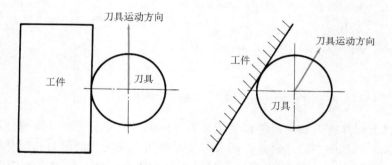

图 2-12　右偏刀具半径补偿

刀具半径补偿分为 B 类和 C 类。B 类补偿是只能实现在本程序段内的刀具半径补偿，而对于程序段间的过渡不予处理。对于直线插补段，只能实现程序给定的直线段相对长度的直线插补。对于圆弧插补段可实现程序给定的圆弧半径与刀具半径之和或差的同心圆插补。只有刀具半径补偿 B 功能的数控系统，在编程时除了零件轮廓各程序段之外，还应考虑其尖角过渡。对外轮廓（外拐角）要增加尖角过渡辅助程序段；对内轮廓（内拐角）不能使用刀具补偿 B 功能。对这类补偿这里不做详细介绍。

刀具半径补偿 C 功能可实现自动的尖角过渡，只要给出零件轮廓的程序数据，数控系统能自动地进行拐角处的刀具中心轨迹交点的计算。因此，刀具半径补偿 C 功能可用于内、外拐角轮廓的加工，而且在程序中可不考虑其尖角过渡。以下所讲的刀具补偿都是指 C 类补偿。

刀具补偿过程的运动轨迹分为三个组成部分:形成刀具补偿的建立补偿程序段、零件轮廓切削程序段和补偿撤销程序段。

数控系统一起动,总是处在补偿撤销状态。这时,刀具的偏移向量为0,刀具中心轨迹与编程路线一致。在补偿撤销状态下,如果一个满足以下三个条件的程序段被执行,系统就进入偏置状态,即建立了补偿:

1)G41 或 G42 被指定,系统即进入 G41 或 G42 状态。

2)刀具补偿的偏置量不是 H00。

3)在偏置平面内指定了不为0的任意一轴上的移动。

在建立补偿的程序段中,不能使用圆弧指令产生移动。

下面以 G42 为例,在图 2-13 中看一下建立补偿的过程。其中,S 表示单程序段的终

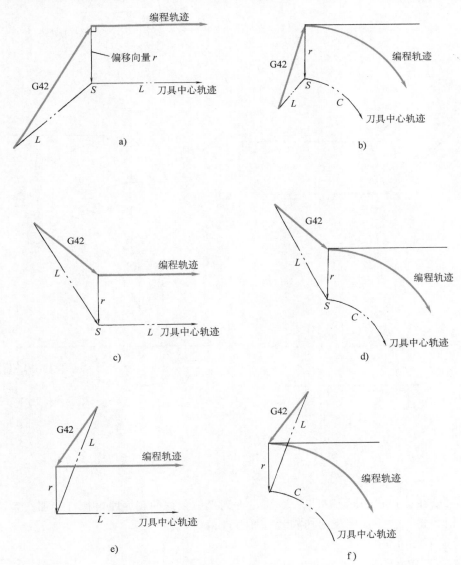

图 2-13　建立刀具半径补偿

点位置，*L* 表示直线，*C* 表示圆弧，*r* 表示偏移向量。

当建立起正确的偏移向量后，系统就将按程序要求实现刀具中心的运动。要注意的是，在补偿状态中不得变换补偿平面，否则将出现系统报警。刀具在补偿状态中零件拐角处的运动情况如图 2-14 所示。

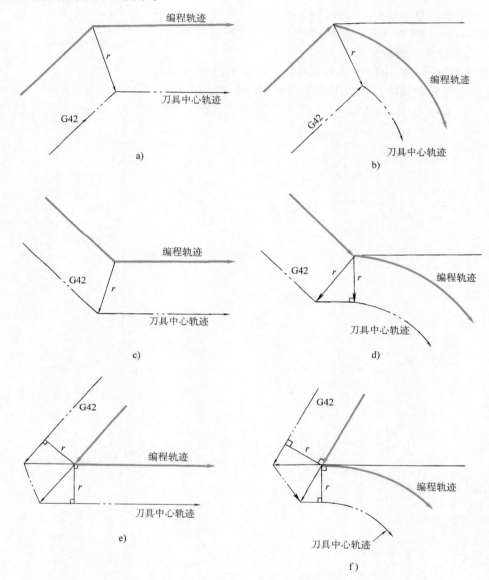

图 2-14　刀具半径补偿运动

当加工处在偏置状态时，如果一个满足下列任一条件的程序段被执行，那么系统就进入补偿撤销状态。这一程序段的功能就是补偿撤销：

1）指定了 G40。

2）指定了 H00 为刀具补偿的偏置号。

偏置撤销的过程如图 2-15 所示。

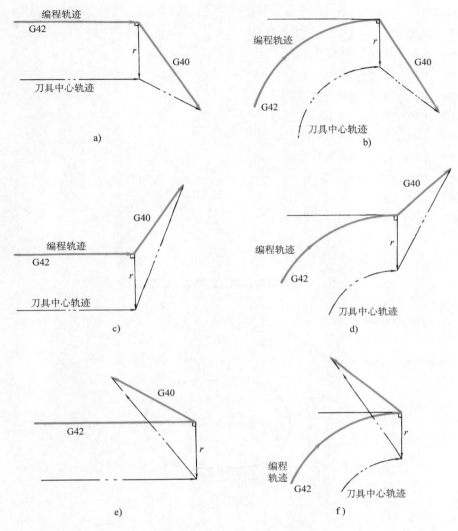

图 2-15 撤销刀具半径补偿

刀具半径补偿的终点应放在刀具切出工件以后，否则会发生碰撞。

例如，应用刀具半径补偿指令在数控铣床上加工图 2-16 所示零件。

该零件编程原点选为 O，起刀点在 O，其进给路线如图上所示为①→③→④→⑤→⑥→⑦→⑧→⑨→⑩→⑪→⑫→⑬→⑭→⑮→⑯。刀具半径为 $R5$mm，主轴转速为 600r/min，进给速度为 120mm/min，刀具偏置地址为 H03，并存入 5，程序名为 O0100。其程序段如下：

N0010	G92	X0	Y0	Z10	
N0020	S600	M03			
N0030	G90	G17	G00	X-55	Y-60
N0040	Z-2	M08			
N0050	G01	G41	X-55	Y-50	H03 F120

```
N0060    Y0
N0070    G02    X-20    Y35    I35    J0
N0080    G01    X20    Y35
N0090    G02    X20    Y-35    I0    J-35
N0100    G01    X20    Y-35
N0110    G02    X-55    Y0    I0    J35
N0120    G01    X-55    Y50
N0130    G01    G40    X-55    Y60    M09
N0140    G00    Z10    M05
N0150    X0    Y0
N0160    M30
```

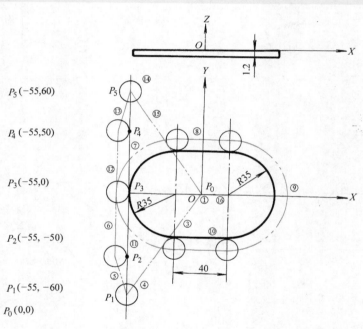

图 2-16　编程实例图

参数设置：H03 = 5

在使用刀具半径补偿功能时，还应注意以下几个问题：

（1）偏置量的改变　偏置量一般是在补偿撤销状态下通过重新设定偏置量进行改变的，但也可以在已偏置状态下改变。这时，每一程序段终点的矢量值是根据该程序段所指定的偏移量来计算的，如图 2-17 所示。

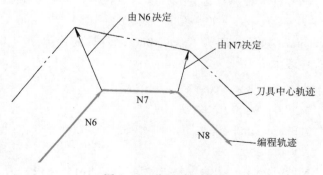

图 2-17　偏置量的改变

（2）偏置量的符号　在使用刀具补偿的过程中，如果偏置值的符号为负，那么 G41 和 G42 指令将相互取代，偏移向量也将反向。

（3）由于刀具半径补偿引起的过切

1）当刀具半径大于所加工的工件内轮廓拐角时，如图 2-18 所示。

2）当刀具直径大于所加工沟槽时，如图 2-19 所示。

我们已经知道，应用刀具半径补偿功能可直接按零件轮廓编程，不必考虑刀具中心的轨迹计算，加工时刀具中心始终自动与工件轮廓相距一个距离，其值为刀具半径。当刀具磨损或刀具重磨后，刀具半径变小，只需要手工输入改变后的刀具半径，而不必修改已编好的程序。在用同一把半径为 R 的刀具进行粗、精加工时，设精加工余量为 Δ，则粗加工的偏置量为 $R+\Delta$，而精加工的偏置量改为 R 即可，如图 2-20 所示。

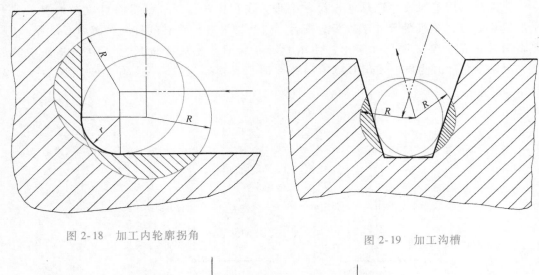

图 2-18　加工内轮廓拐角　　　　　　　　图 2-19　加工沟槽

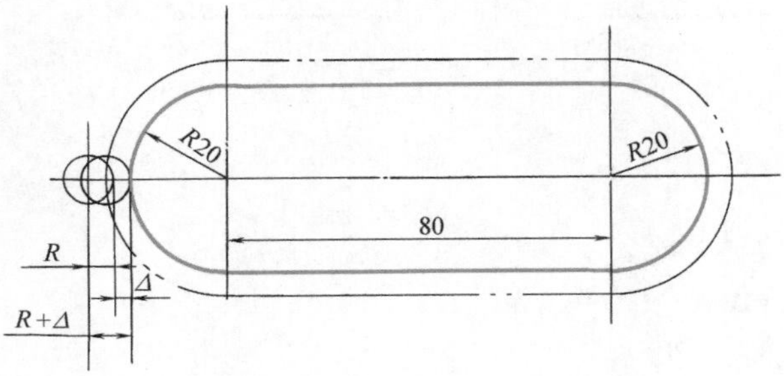

图 2-20　刀具半径补偿应用举例

八、刀具长度补偿指令——G43、G44、G49

当数控装置具有刀具长度补偿功能时，在程序编制中，就可以不必考虑刀具的实际长度以及各把刀具不同的长度尺寸，使用刀具长度补偿指令，用手工输入刀具长度尺寸，由数控装置自动地计算出刀具在长度方向上的位置进行加工。另外，当刀具磨损、更换新刀或刀具安装有误差时，也可使用刀具长度补偿指令，补偿刀具在长度方向上的尺寸变化，不必重新编制加工程序、重新对刀或重新调整刀具。

G43——刀具长度正补偿。

G44——刀具长度负补偿。

G49——撤销刀具长度补偿。

指令格式：

G01　G43/G44　Z~　H~
:
G01　G49

其中，H 与上述刀具半径补偿时含义相同，不过偏置号中放入刀具的长度补偿值作为偏置量。

无论是采用绝对尺寸还是增量尺寸编程，在程序执行时，都是将存放在偏置地址 H 中的偏置量与 Z 坐标的尺寸字进行运算后，按其结果进行 Z 轴的移动。使用 G43 指令时，是将 H 中的值加到 Z 向尺寸字上；使用 G44 指令时，是从 Z 向尺寸字中减去 H 中的数值。以钻头钻削时为例，使用 G43/G44 指令时刀具实际位置与编程位置的情况如图 2-21 所示。

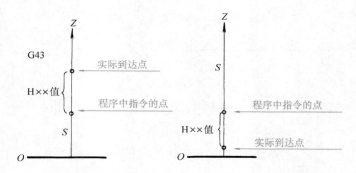

图 2-21　刀具长度补偿原理

图中左侧对应的程序段为：

G01　G43　Z+S　H01

其中，H01 中的值为 $+\Delta$ ；

图中右侧对应的程序段为：

G01　G44　Z-S　H02

其中，H02 中的值为 $+\Delta$ 。

第二节　程序编制中的数学处理

根据被加工零件图样，按照已经确定的加工路线和允许的编程误差，计算数控系统所需要输入的数据，称为数学处理。这是编程前的主要准备工作之一，不但对手工编程来说是必不可少的工作步骤，而且即使采用计算机进行自动编程，也经常需要先对工件的轮廓

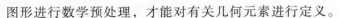

图形进行数学预处理，才能对有关几何元素进行定义。

对图形的数学处理一般包括两个方面：一方面是根据零件图给出的形状、尺寸和公差等直接通过数学方法（如三角、几何与解析几何法等）计算出编程时所需要的有关各点的坐标值、圆弧插补所需要的圆弧圆心的坐标；另一方面，当按照零件图给出的条件还不能直接计算出编程时所需要的所有坐标值，也不能按零件图给出的条件直接进行工件轮廓几何要素的定义进行自动编程时，那么就必须根据所采用的具体工艺方法、工艺装备等加工条件，对零件原图形及有关尺寸进行必要的数学处理或改动，才可以进行各点的坐标计算和编程工作。

一、选择原点、换算尺寸

这里的原点是指编制加工程序时所使用的编程原点。加工程序中的字大部分是尺寸字，这些尺寸字中的数据是程序的主要内容。同一个零件，同样的加工，由于原点选得不同，尺寸字中的数据就不一样，所以，编程之前首先要选定原点。从理论上讲，原点选在任何位置都是可以的。但实际上，为了换算尽可能简便以及尺寸较为直观（至少让部分点的指令值与零件图上的尺寸值相同），应尽可能把原点的位置选得合理些。

车削件的编程原点 X 向均应取在零件的回转中心线上，即车床主轴的轴线上，所以原点的位置只在 Z 向进行选择，原点 Z 向位置一般选择在工件的左端面或右端面。如果是左右对称的零件，Z 向原点应选在对称平面内，这样同一个程序可用于调头前后的两道加工工序。对于轮廓中有椭圆之类非圆曲线的零件，Z 向原点取在椭圆的对称中心为好。

铣削件的编程原点，X、Y 向原点一般选择在设计基准或工艺基准的端面上或孔轴线上。若工件有对称部分，则应选择在对称面上，以便于利用数控系统功能简化编程。Z 向原点习惯于取在工件的上表面，这样当刀具切入工件后的 Z 向尺寸字均为负值，离开工件表面后的 Z 向尺寸字均为正值，以便于检查程序。原点选定后，就应对零件图样中各点的尺寸进行换算，即把各点的尺寸换算成从编程原点开始的坐标值，并重新标注。在标注中，一般可按尺寸公差中值标注，这样在加工过程中比较容易控制尺寸公差。

二、基点与节点

1. 基点

一个零件的轮廓曲线可能由许多不同的几何要素组成，如直线、圆弧、二次曲线等。各几何要素之间的连接点称为基点，如两条直线的交点、直线与圆弧的交点或切点、圆弧与二次曲线的交点或切点等。显然，基点坐标是编程中需要的重要数据。

现以图 2-22 所示的零件为例，说明平面轮廓加工中只有直线和圆弧两种几何元素的数值计算方法。该零件轮廓由四段直线和一段圆弧组成，其中的 A、B、C、D、E 即为基点。基点 A、B、D、E 的坐标值从图样尺寸可以很容易找出。C 点是过 B 点的直线与中心为 O_2、半径为 30mm 的圆弧的切点。这个尺寸图样上并未标注，所以要用解联立方程的方法，来找出切点 C 的坐标。

求 C 点的坐标可以用下述方法：求出直线 BC 的方程，然后与以 O_2 为圆心的圆的方程联立求解。为了计算方便可将坐标原点选在 B 点上。

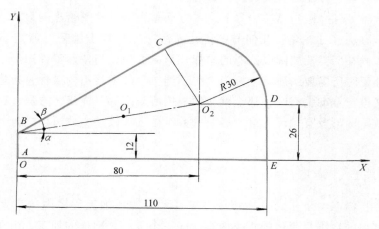

图 2-22 零件轮廓的基点

从图中可知，以 O_2 为圆心的圆的方程为

$$(X - 80)^2 + (Y - 14)^2 = 30^2$$

其中，O_2 坐标为（80，14），可从图中尺寸直接计算出来。

过 B 点的直线方程为 $Y = kX$。从图上可以看出 $k = \tan(\alpha + \beta)$。这两个角的正切值从已知尺寸可以很容易求出 $k = 0.6153$。然后将两方程联立求解

$$\begin{cases} (X - 80)^2 + (Y - 14)^2 = 30 \\ Y = 0.6153X \end{cases}$$

即可求得现在坐标为（64.2786，39.5507）。换算成编程坐标系中的坐标为（64.2786，51.5507）。

在计算时，要注意将小数点以后的位数留够。

对这个 C 点也可以采用另一种求法。如果以 BO_2 连线中点为圆心 O_1，以 O_1O_2 距离为半径作一圆。这个圆与以 O_2 为圆心的圆相交于 C 点和另一对称点 C'。将这两个圆的方程联立求解也可以求得 C 点的坐标。

当求其他相交曲线的基点时，也是采用类似的方法。从原理上来讲，求基点是比较简单的，但运算过程仍然十分繁杂。由上述计算可知，如此简单的零件，仍然如此麻烦，当零件轮廓更复杂时，其计算量可想而知。为了提高编程效率，应尽量采用自动编程系统。

2. 节点

当被加工零件轮廓形状与机床的插补功能不一致时，如在只有直线和圆弧插补功能的数控机床上加工椭圆、双曲线、抛物线、阿基米德螺旋线或用一系列坐标点表示的列表曲线时，用直线或圆弧去逼近被加工曲线。这时，逼近线段与被加工曲线的交点就称为节点。当图 2-23 中的曲线用直线逼近时，其交点 A、B、C、D、E 等即为节点。

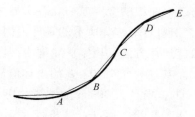

图 2-23 零件轮廓的节点

在编程时，要计算出节点的坐标，并按节点划分程序段。节点数目的多少，由被加工曲线的特性方程（形状）、逼近线段的形状和允许的插补误差来决定。

很显然，当选用的机床数控系统具有相应几何曲线的插补功能时，编程中数值计算最简单，只要求出基点，并按基点划分程序段就可以了。但前述的二次曲线等的插补功能，一般数控机床上是不具备的。因此，就要用逼近的方法去加工，就需要求节点的数目及其坐标。这个问题将在下一节中具体讨论。

课堂练习：计算图 2-24 所示零件基点坐标。

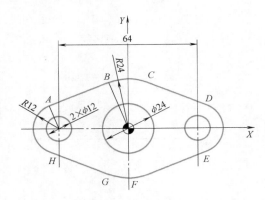

图 2-24　零件的基点

三、程序编制中的误差

程序编制中的误差 $\Delta_{程}$ 由三部分组成，即

$$\Delta_{程} = f（\Delta_{逼}，\Delta_{插}，\Delta_{圆}）$$

式中　$\Delta_{逼}$——采用近似计算方法逼近零件轮廓曲线时产生的误差，称为逼近误差；

　　　$\Delta_{插}$——采用插补段逼近零件轮廓曲线时产生的误差，称为插补误差；

　　　$\Delta_{圆}$——数据处理时，将小数脉冲圆整成整数脉冲时产生的误差，称为圆整误差。

若零件的原始轮廓形状用列表曲线表示，当用近似方程式来逼近列表曲线时，则方程式所表示的形状与零件原始轮廓形状之间的差值，即为逼近误差。这种误差只出现在零件轮廓形状用列表曲线表示的情况。

当用数控机床加工零件时，根据数控装置所具有的插补功能的不同，可用直线或直线—圆弧去逼近零件轮廓。当用直线或圆弧逼近零件轮廓曲线时，逼近曲线与零件实际原始轮廓曲线之间的最大差值，称为插补误差。图 2-25 中的

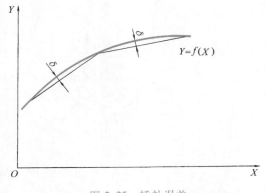

图 2-25　插补误差

δ 是用直线逼近零件轮廓曲线时的插补误差。

若构成零件轮廓曲线的几何要素或列表曲线的逼近方程式曲线与数控装置的插补功能相同时，则没有该项插补误差。

圆整误差 $\Delta_{圆}$ 是将脉冲值中小于一个脉冲当量的数值，用四舍五入法圆整成整数脉冲值时所产生的误差。$\Delta_{圆}$ 的值不超过脉冲当量的一半。

在点位数控系统中，$\Delta_{圆}$ 直接影响坐标尺寸精度。在连续加工系统中，$\Delta_{圆}$ 虽反映在坐标方

向上，但它与插补误差 $\Delta_{插}$ 的总和并不是两者的代数和，所以影响不大（图 2-26）。

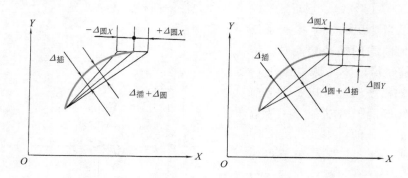

图 2-26 插补误差与圆整误差的合成

编程误差在零件轮廓上的分布有三种形式，如图 2-27a、b、c 所示。其中图 2-27a 为误差分布在零件轮廓的外侧，图 2-27b 为误差分布在零件轮廓的内侧，图 2-27c 为误差分布在零件轮廓的两侧，其中 δ_1 和 δ_2 可以相等，也可以不相等。到底选择哪种误差分布方式，主要是根据零件图的要求来确定。若是从计算简单的角度考虑，可采用图 2-27d 的误差分布方式，此时全部节点都在零件轮廓线上，而误差都分布在轮廓曲线的凹侧。

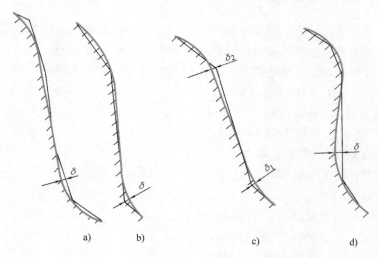

图 2-27 编程误差的分布

零件的数控加工误差中，除编程误差 $\Delta_{程}$ 外，还有其他的误差，如控制系统误差 $\Delta_{控}$、进给误差 $\Delta_{进}$、零件定位误差 $\Delta_{定位}$ 以及对刀误差 $\Delta_{对刀}$ 等，可见零件数控加工误差 $\Delta_{数加}$ 应为上述各项误差的综合，即

$$\Delta_{数加} = f（\Delta_{程}, \Delta_{控}, \Delta_{进}, \Delta_{定位}, \Delta_{对刀} \cdots）$$

由于数控加工中，进给误差 $\Delta_{进}$ 和定位误差 $\Delta_{定位}$ 是不可避免的误差，且占有数控加工误差 $\Delta_{数加}$ 中的比例很大，所以编程误差 $\Delta_{程}$ 允许占有 $\Delta_{数加}$ 的比例很小，一般取

$$\Delta_{程} = （1/5 \sim 1/10）\Delta_{数加}$$

要想缩小编程误差 $\Delta_{程}$，就要增加插补段，这将增加数据计算工作量。所以，合理选

择编程误差 $\Delta_{程}$ 是程序编制的重要问题之一。

 练习与思考题

2-1 预置寄存指令 G92 的含义是什么？用 G92 程序段设置的加工坐标系原点在机床坐标系中的位置是否不变？

2-2 在含 G01 和 G02、G03 的程序段中，F 指令的含义是什么？

2-3 当不考虑刀具的实际尺寸加工下列轮廓形状时，试分别用绝对尺寸和增量尺寸编写图 2-28～图 2-31 的加工程序。

2-4 刀具半径补偿指令有哪些主要功能？

2-5 试根据图 2-32 的尺寸，选用 $D=10\text{mm}$ 的立铣刀，编写加工轮廓 ABCDEFA 的程序。

2-6 在图 2-20 中，若 $R=5\text{mm}$，$\Delta=0.3\text{mm}$，零件厚度为 10mm。试建立加工坐标系，并编写能进行粗、精铣轮廓的加工程序。

2-7 什么叫基点？什么叫节点？它们在零件轮廓上的数目分别取决于什么？

2-8 程序编制中的误差主要有哪几项？它们是如何产生的？

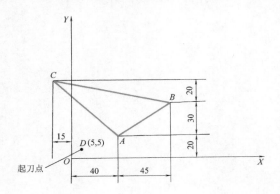

图 2-28 题 2-3 图 1

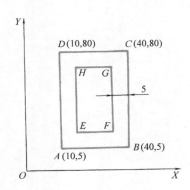

图 2-29 题 2-3 图 2

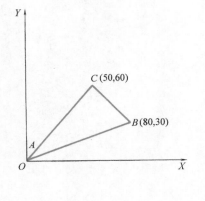

图 2-30 题 2-3 图 3

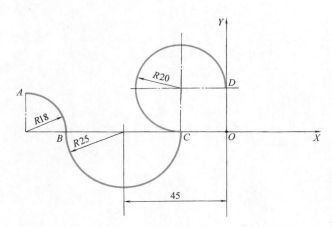

图 2-31 题 2-3 图 4

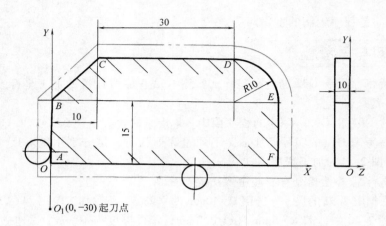

$O_1(0, -30)$ 起刀点

图 2-32 题 2-5 图

第三章

数控车床的程序编制

数控车床按其功能分为简易数控车床、经济型数控车床、多功能数控车床和车削中心等，它们在功能上差别较大。

一、数控车床的主要功能

1. 简易数控车床

这是一种低档数控车床，一般用单板机或单片机进行控制。单板机不能存储程序，所以切断一次电源就得重新输入程序，且抗干扰能力差，不便于扩展功能，目前已很少采用。单片机可以存储程序，它的程序可以使用可变程序段格式，这种车床没有刀尖圆弧半径自动补偿功能，编程时计算比较烦琐。

2. 经济型数控车床

这是中档数控车床，一般具有单色显示的 CRT（阴极射线显像管）、程序储存和编辑功能。它的缺点是没有恒线速度切削功能，刀尖圆弧半径自动补偿不是它的基本功能，而属于选择功能范围。

3. 多功能数控车床

这是指较高档次的数控车床，这类车床一般具备刀尖圆弧半径自动补偿、恒线速度切削、倒角、固定循环、螺纹切削、图形显示和用户宏程序等功能。

4. 车削中心

车削中心的主体是数控车床，配有刀库和机械手，与数控车床单机相比，自动选择和使用的刀具数量大大增加。卧式车削中心还具备如下两种功能：一种是动力刀具功能，即刀架上某一刀位或所有刀位可使用回转刀具，如铣刀和钻头；另一种是 C 轴位置控制功能，该功能使机床具有很高的角度定位分辨率（一般为 $0.001°$），还能使主轴和卡盘按进给脉冲做任意低速的回转，这样车床就具有 X、Z 和 C 三坐标，可实现三坐标两联动控制。例如圆柱铣刀轴向安装，X-C 坐标联动，就可以铣削零件端面；圆柱铣刀径向安装，

Z-C 坐标联动，就可以在工件外径上铣削。可见车削中心能铣削凸轮槽和螺旋槽。近年出现的双轴车削中心，在一个主轴进行加工结束后，无须停机，零件被转移至另一主轴加工另一端，加工完毕后，零件除了去毛刺以外，不需要其他的补充加工。

二、工艺装备特点

1. 对刀具的要求

（1）刀具结构　数控车床应尽可能使用机夹刀，以减少换刀时间和方便对刀。机夹刀具的刀体制造精度较高。由于机夹刀在数控车床上安装时，一般不采用垫片调整刀尖高度，所以刀尖高的精度在制造时就应得到保证。长径比较大的内径刀杆，应具有良好的抗振结构。

（2）刀具强度、刀具寿命　数控车床能兼做粗、精车削，粗车时切削深度和进给量较大，要求粗车刀具强度高、寿命长；精车则要保证加工精度，所以要求刀具锋利、精度高、寿命长。车削时，多数情况下应采用涂层硬质合金刀片。刀片涂层增加成本不到一倍，但在较高切削速度时（大于100m/min）可以使刀片寿命提高两倍以上。

（3）刀片断屑槽　数控车床切削一般在封闭环境中进行，要求刀具具有良好的断屑性能，断屑范围要宽，一般采用三维断屑槽，其形式很多，选择时应根据零件的材料特点及精度要求来确定。

2. 对刀座的要求

刀具很少直接装在数控车床刀架上，它们一般通过刀座作为过渡。刀座的结构应根据刀具的形状、刀架的外形和刀架对主轴的配置形式来决定。现在刀座的种类繁多，标准化程度低，用户选型时应尽量减少种类、形式，以利管理。

3. 数控车床可转位刀具特点

数控车床所采用的可转位车刀，与通用车床采用的车刀相比一般无本质的区别，其基本结构、功能特点是相同的。但数控车床的加工工序是自动完成的，因此对可转位车刀的要求又有别于通用车床所使用的刀具，具体要求和特点见表3-1。

表3-1　可转位车刀的要求和特点

要　　求	特　　　点	目　　　　的
精度高	（1）采用 M 级或更高精度等级的刀片 （2）多采用精密级的刀杆 （3）用带微调装置的刀杆在机外预调好	保证刀片重复定位精度,方便坐标设定,保证刀尖位置精度
可靠性高	（1）采用断屑可靠性高的断屑槽形或有断屑台和断屑器的车刀 （2）采用结构可靠的车刀,采用复合式夹紧结构和夹紧可靠的其他结构	（1）断屑稳定,不能有紊乱和带状切屑 （2）适应刀架快速移动和换位以及整个自动切削过程中夹紧不得有松动的要求
换刀迅速	（1）采用车削工具系统 （2）采用快换小刀夹	迅速更换不同形式的切削部件,完成多种切削加工,提高生产率
刀片材料	较多采用涂层刀片	满足生产节拍要求,提高加工效率
刀杆截面形状	较多采用正方形截面的刀杆,但因刀架系统结构差异大,有的需采用专用刀杆	刀杆与刀架系统匹配

三、对刀

在数控车削加工中，应首先确定零件的加工原点，以建立准确的加工坐标系；同时，还要考虑刀具的不同尺寸对加工的影响。这些都需要通过对刀来解决。

1. 一般对刀

一般对刀是指在机床上进行手动对刀。数控车床所用的位置检测器分相对式和绝对式两种，下面介绍采用相对位置检测器的对刀过程，以 Z 向为例说明对刀方法，如图 3-1 所示。设图中端面刀是第一把刀，内径刀为第二把刀，由于是相对位置检测，需要

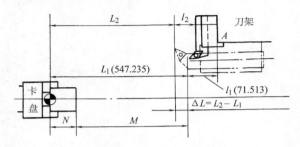

图 3-1　采用相对位置检测器车床的对刀

用 G50 进行加工坐标系设定（见本章第二节）。假定程序原点设在零件左端面，如果以刀尖点为编程点，则坐标系设定中的 Z 向数据为 L_1，这时可以将刀架向左移动并将右端面先切一刀，测出车削后的零件长度 N 值，并将 Z 向显示值置零，再把刀架移回到起始位置，此时的 Z 向显示值就是 M 值，N 加 M 即为 L_1。这种以刀尖为编程点的方式应将第一把刀的刀具补偿设定为零。接着用同样方法测出第二把刀的 L_2 值，L_2 减 L_1 是第二把刀对第一把刀的 Z 向位置差，此处是负值。如果程序中第一把刀转为第二把刀时不变换坐标，那么第二把刀的 Z 向刀补值应设定为 $-\Delta L$。

手动对刀仍然是通过试切零件来对刀的，它还没跳出传统车床的"试切—测量—调整"的对刀模式，而且要较多地占用机床时间，因此此方法用在数控车床上较为落后。

2. 机外对刀仪对刀

机外对刀的本质是测量出刀具假想刀尖点到刀具台基准之间在 X 及 Z 方向的距离，即刀具 X 和 Z 向的长度。利用机外对刀仪可将刀具预先在机床外校对好，以便装上机床即可使用。图 3-2 所示为一种比较典型的机外对刀仪，它适用于各种数控车床，针对某台具体的数控车床，应制作相应的对刀刀具台，将其安装在刀具台安装座上。这个对刀刀具台与刀座的连接结构及尺寸，应与机床刀架相应结构及尺寸相同，甚至制造精度也要求与机床刀架该部位一样。此外，还应制作一个刀座、刀具联合体（也可将刀具焊接在刀座上），作为调整对刀仪的基准。把此联合体装在机床刀架上，尽可能精确地对出 X 及 Z 向的长度，并将这两个值刻在联合体表面。对刀仪使用若干时间后就应装上这个联合体做一次调整。机外对刀的大体顺序是：将刀具随同刀座一起紧固在对刀刀具台上，摇动 X 向和 Z 向进给手柄，使移动部件载着投影放大镜沿着两个方向移动，直至假想刀尖点与放大镜中十字线交点重合为止，如图 3-3 所示。这时通过 X 和 Z 向的微型读数器分别读出 X 和 Z 向的长度值，即为这把刀具的对刀长度。如果这把刀具马上使用，那么将它连同刀座一起装到机床某刀位上之后，将对刀长度输到相应刀具补偿号或程序中就可以了。如果这把刀是备用的，则应做好记录。

3. ATC 对刀

它是在机床上利用对刀显微镜自动地计算出车刀长度的简称。对刀显微镜与支架不用

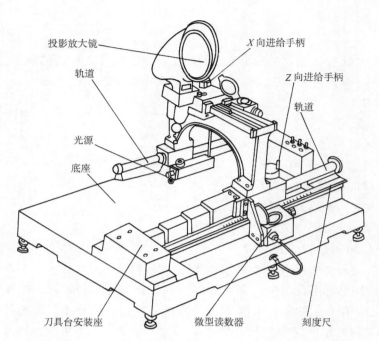

图 3-2　机外对刀仪

时取下，需要对刀时才装到主轴箱上。对刀时，用手动方式将刀尖移到对刀镜的视野内，再用手动脉冲发生器微量移动刀架使假想刀尖点与对刀镜内的中心点重合，如图 3-3 所示，再将光标移到相应刀具补偿号，并按"自动计算（对刀）"按键，这把刀

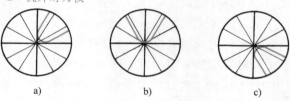

图 3-3　刀尖在放大镜中的对刀投影
a）端面外径刀尖　b）对称刀尖　c）端面内径刀尖

两个方向的长度就被自动计算出来并自动存入它的刀具补偿号中。

4. 自动对刀

使用对刀镜进行机外对刀和机内对刀，都可以不用试切零件，所以与手动对刀相比确

有进步，但由于整个过程基本上还是手工操作，所以仍属于手工对刀的范畴。自动对刀又叫刀具检测功能，是利用数控系统自动精确地测量出刀具两个坐标方向的长度，并自动修正刀具补偿值，然后直接开始加工零件。自动对刀是通过刀尖检测系统实现的，如图 3-4 所示，刀尖随刀架向已设定了位置的接触式传感器缓缓行进并与之接触，直到内部电路接通发出电信号，数控

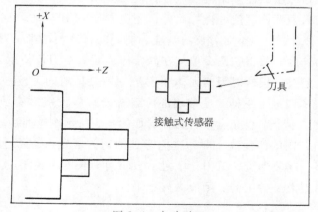

图 3-4　自动对刀

系统立即记下该瞬时的坐标值，接着将此值与设定值做比较，并自动修正刀具补偿值。

第二节　数控车床程序编制的基本方法

本节着重介绍配置 FANUC-0TJ 数控系统进行车削加工时的程序编制方法。

一、F 功能

1. 在 G95 码状态下

在 G95 码状态下，F 后面的数值表示的是主轴每转的切削进给量或切螺纹时的螺距，在数控车床上这种进给量指令方法使用得较多。

指令格式：G95　F～

例如：G95　F0.5（或 F500）　　表示进给量 0.5mm/r。

　　　G95　F1.0（或 F1000）　　表示进给量 1.0mm/r。

2. 在 G94 码状态下

在 G94 码状态下，F 后面的数值表示的是每分钟进给量。

指令格式：G94　F～

例如：G94　F200　　表示进给量为 200mm/min。

二、S 功能

1. 主轴最高转速限制（G50）

指令格式：G50　S～

例如：G50　S1800　表示最高转速为 1800r/min。

2. 恒线速度控制（G96）

指令格式：G96　S～

例如：G96　S150　表示控制主轴转速，使切削点的线速度始终保持在 150m/min。

由线速度 v 可求得主轴转速如下：

$$n = 1000v/(\pi d)$$

式中　　v——线速度（m/min）；

　　　　d——切削点的直径（mm）；

　　　　n——主轴转速（r/min）。

对图 3-5 所示的切削零件，为保持 A、B、C 各点的线速度一致（均为 150m/s），要求在每点的主轴转速分别为

$n_A = [1000 \times 150/(\pi \times 40)] \text{r/min} = 1193 \text{r/min}$

$n_B = [1000 \times 150/(\pi \times 60)] \text{r/min} = 795 \text{r/min}$

$n_C = [1000 \times 150/(\pi \times 70)] \text{r/min} = 682 \text{r/min}$

上述主轴转速的变化是由数控系统自动控制的。

3. 恒线速度取消（G97）

指令格式：G97　S～

例如：G97 S1000 表示主轴转速为1000r/min。

当由 G96 转为 G97 时，应对 S 指令赋值，未指令时，将保留 G96 指令的最终值。

当由 G97 转为 G96 时，若没有 S 指令，则按前一 G96 所赋 S 值进行恒线速度控制。

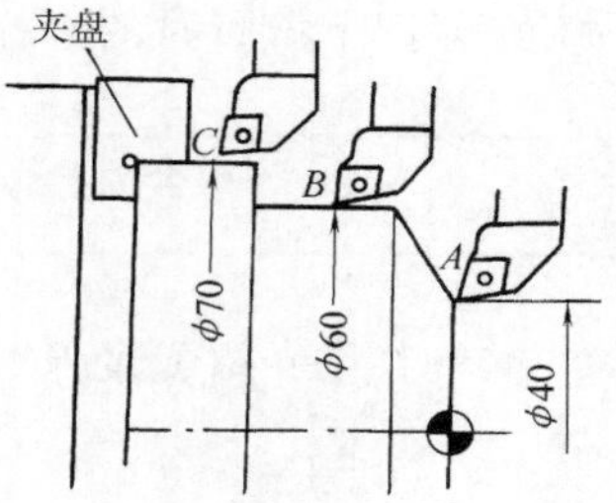

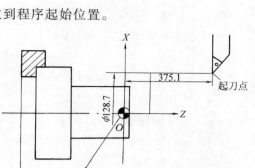

图 3-5 恒线速度车削方式

三、T 功能

T 后面有四位数值，前两位是刀具号，后两位既是刀具长度补偿号，又是刀尖圆弧半径补偿号。例如 T0505 表示 5 号刀及 5 号刀具长度和刀具半径补偿。至于刀具的长度和刀尖圆弧半径补偿的具体数值，应到 5 号刀具补偿位去查找和修改。如果后面两位数为零，例如 T0300，则表示取消刀具补偿状态，调用第三号刀具。

四、M 功能

辅助功能代码是用 M 及后面两位数值表示的。数控车床加工常用的 M 指令有：

（1）M00 程序停止：用于停止程序运行（主轴旋转、冷却全停）。利用起动命令可使机床继续运转。

（2）M01 计划停止：同 M00 作用相似，但它应由机床"任选停止"按钮选择是否有效。

（3）M03 主轴顺时针方向旋转。

（4）M04 主轴逆时针方向旋转。

（5）M05 主轴旋转停止。

（6）M08 切削液开。

（7）M09 切削液关。

（8）M30 程序停止：程序执行完自动复位到程序起始位置。

（9）M98 调用子程序。

（10）M99 子程序结束并返回到主程序。

五、G 功能

1. 加工坐标系设定

加工坐标系有两种设定方法：一种是以 G50 方式；另一种是以 G54~G59 的方式。G50 是车削中常用的方式。

如图 3-6 所示，用 G50 X128.7 Z375.1 设定了加工坐标系。

图 3-6 G50 设定加工坐标系

2. 倒角、倒圆编程

使用倒角功能可以简化倒角程序。

（1）45°倒角与 1/4 圆角倒圆

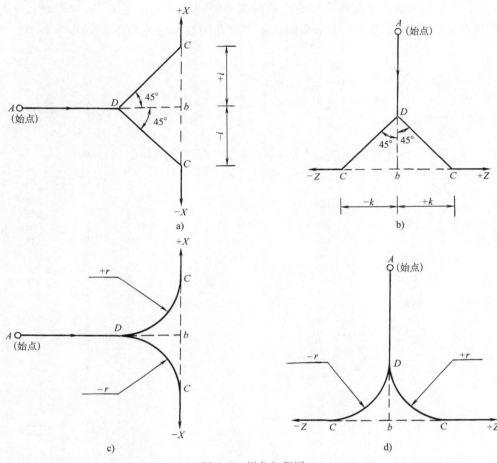

图 3-7 倒角与倒圆

45°倒角格式为:

G01　Z（W）b　I±i　　（Z→X 见图 3-7a）

G01　X（U）b　K±k　　（X→Z 见图 3-7b）

b 点的移动可用绝对或增量指令,进给路线为 A→D→C。

1/4 圆角倒圆格式为:

G01　Z（W）b　R±r　　（Z→X 见图 3-7c）

G01　X（U）b　R±r　　（X→Z 见图 3-7d）

b 点的移动可用绝对或增量指令,进给路线为 A→D→C。

加工图 3-8 所示零件的倒角程序段为:

图 3-8 倒角功能应用例图

N20　G00　X10　Z21

N30　G01　Z10　R5

N40　　X38.0　K-4

N50　　Z0

（2）**任意角度倒角与倒圆**　在直线或圆弧插补指令尾部加上 C~，可自动插入任意角度的倒角，用 C 后面的数字指令从假设没有倒角的拐角交点距倒角始点与终点之间的距离。

> 例　图 3-9 所示倒角程序段为：
> N10　　G01　　X50　　C10
> N20　　X100　　Z−100

在直线或圆弧程序段尾部加上 R~，可自动插入任意角度的倒圆。

> 例　图 3-10 程序段为：
> N10　　G01　　X50　　R10
> N20　　X100　　Z−100

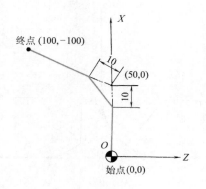

图 3-9　任意角度倒角

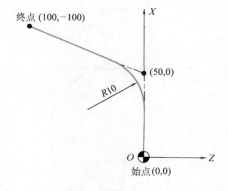

图 3-10　任意角度倒圆

3. 刀尖圆弧半径自动补偿功能

通常在编程时都将车刀刀尖作为一点来考虑，即所谓假设刀尖。但实际上刀尖是有圆角的，如图 3-11 所示。

按刀尖点编出的程序在进行端面、外径、内径等与轴线平行的表面加工时，是没有误差的，但在进行倒角、锥面及圆弧切削时，则会产生少切或过切现象（见图 3-12），具有刀尖圆弧半径自动补偿功能的数控系统能根据刀尖圆弧半径计算出补偿量，自动控制刀尖的运动以避免上述现象的产生。

为了进行刀尖圆弧半径补偿，需要使用以下指令：

G40：取消刀具补偿，即按程序路径进给。

G41：左偏刀具补偿，按程序路径前进方向刀具偏在零件左侧进给。

G42：右偏刀具补偿，按程序路径前进方向刀具偏在零件右侧进给。

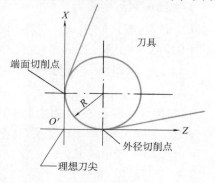

图 3-11　刀尖圆角 R

另外还需指定假设刀尖点，指定方法如图 3-13 所示。

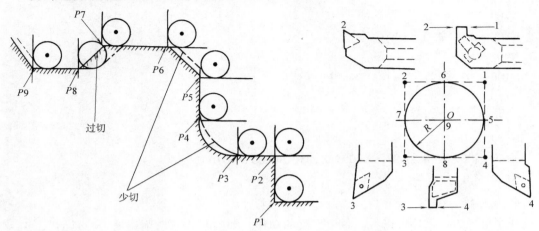

图 3-12　刀尖圆角 R 造成的少切与过切　　　图 3-13　刀尖圆角 R 的指定方法

下面的程序是应用刀具补偿的实例（见图 3-14）：

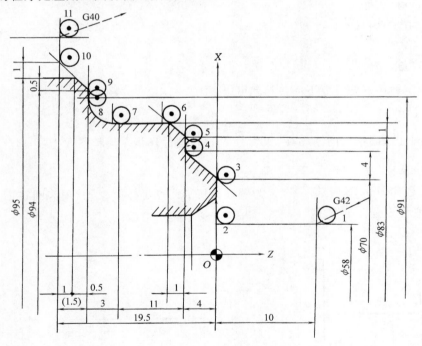

图 3-14　刀具补偿编程

O3				
N10	G50	X200	Z175	T0101
N20	G40	G97	S1100	M03
N30	G00	G42	X58	Z10	M08
N40	G01	G96	Z0	F1.5	S200
N50	X70	F0.2		

```
N60    X78   Z-4
N70    X83
N80    X85   Z-5
N90    Z-15
N100   G02   X91   Z-18   R3   F0.15
N110   G01   X94
N120   X97   Z-19.5
N130   X100
N140   G00   G40   G97   X200   Z175   S1000   T0100
N150   M30
```

4. 单一固定循环

利用单一固定循环可以将一系列连续的动作，如"切入—切削—退刀—返回"，用一个循环指令完成，从而使程序简化。

例如，图 3-15 所示轮廓加工，按一般写法，程序段应写为：

```
N10    G00   X50
N20    G01   Z-30   F~
N30    X65
N40    G00   Z2
```

但用固定循环语句只要下面一句就可以：

```
G90   X50   Z-30   F~
```

（1）圆柱或圆锥切削循环（G90）   圆柱切削循环指令编程格式为：

```
G90   X（U）~   Z（W）~   F~
```

循环过程如图 3-16 所示。X、Z 为圆柱面切削终点坐标值，U、W 为圆柱面切削终点相对循环起点的坐标分量。

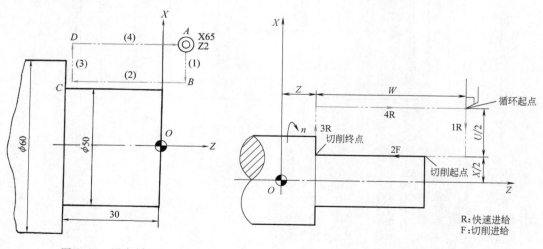

图 3-15 固定循环   图 3-16 外圆切削循环

例　图 3-17 所示轮廓加工的程序段为：

O1

N10　G50　X200　Z200　T0101

N20　G97　G40　S695　M03

N30　G00　X55　Z4　M08

N40　G01　G96　Z2　F2.5　S120

N50　G90　X45　Z-25　F0.35

N60　X40

N70　X35

N80　G00　G97　X200　Z200　S695　T0100

N90　M01

上述程序中每次循环都是返回了出发点，因此产生了重复切削端面 A 的情况。为了提高效率，可将循环部分程序段改为：

N50　G90　X45　Z-25　F0.35

N60　G00　X47

N70　G90　X40　Z-25

N80　G00　X42

N90　G90　X35　Z-25

N100　G00

…

圆锥切削循环指令格式为：

G90　X（U）~　Z（W）~　I~　F~

循环过程如图 3-18 所示，I 为圆锥面切削始点与切削终点的半径差。图中 X 轴向切削始点坐标小于切削终点坐标，I 的数值为负；反之为正。

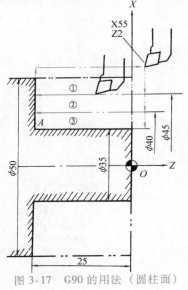

图 3-17　G90 的用法（圆柱面）

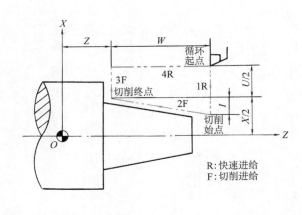

图 3-18　圆锥面的切削循环

例 图 3-19 所示的圆锥面切削程序段为：

……

N40	G01	G96	X65	Z2	S120
N50	G90	X60	Z−35	I−5	F0.3
N60	X50
N70	G00	X100	Z100

在 N50 程序段中，$I = (D-d)/2 = (50-40)\,\mathrm{mm}/2 = 5\,\mathrm{mm}$。

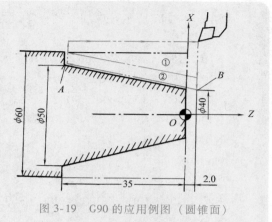

图 3-19　G90 的应用例图（圆锥面）

（2）端面切削循环（G94）　切削端平面时，指令格式为：

G94　X（U）~　Z（W）~　F~

循环过程如图 3-20 所示，X、Z 为端平面切削终点坐标值，U、W 为端面切削终点相对循环起点的坐标分量。

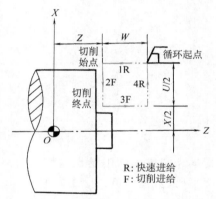

图 3-20　端面切削循环

例 图 3-21 所示轮廓加工程序段为：

O1

N10	G50	X200	Z200	T0101
N20	G97	G40	S450	M03
N30	G00	X85	Z10	M08
N40	G01	G96	Z5	F3	S120
N50	G94	X30	Z−5	F0.2
N60	Z−10
N70	Z−15
N80	G00	G97	X200	Z200	S450	T0100
N90	M01

图 3-21　G94 的用法（端平面）

上述程序中每一循环都返回始点，因而使外径部分被重复切削，浪费时间。为提高效率，可将程序循环部分改为：

```
N50    G94    X30    Z-5    F0.2
N60    G00    Z-3
N70    G94    X30    Z-10
N80    G00    Z-8
N90    G94    X30    Z-15
N100   G00    X200   Z200
```

切削圆锥面时，编程格式为：

G94 X（U）~ Z（W）~ K~ F~

循环过程如图 3-22 所示，K 为端面切削始点至终点位移在 Z 轴方向的坐标分量，图中切削始点相对于切削终点的方向是 Z 轴的负方向，K 值为负，反之为正。

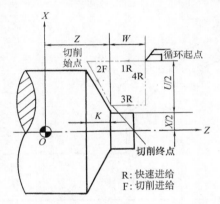

图 3-22 带锥度的端面切削循环

例 对于圆锥面切削，程序段如下（见图 3-23）：

```
N40    G01    G96    X55    Z2    S120
N50    G94    X20    Z0    K-5    F0.2
N60    Z-5
N70    Z-10
N80    G00    X~    Z~
```

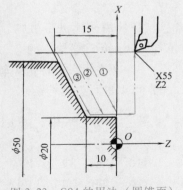

图 3-23 G94 的用法（圆锥面）

5. 复合形固定循环（G70~G76）

在使用 G90、G92、G94 时，已经使程序简化了一些，但还有一类被称为复合形固定循环的代码，能使程序进一步得到简化。使用这些复合形固定循环时，只需指令精加工的形状，就可以完成从粗加工到精加工的全部过程。

（1）外圆粗切削循环（G71）　当给出图3-24所示加工形状的路线 $A \rightarrow A' \rightarrow B$ 及背吃刀量时，就会进行平行于 Z 轴的多次切削，最后再按留有精加工切削余量 Δw 和 $\Delta u/2$ 之后的精加工形状进行加工。指令格式为：

G71　U（Δd）　R（e）

G71　P（ns）　Q（nf）　U（Δu）　W（Δw）　F（f）　S（s）　T（t）

其中　Δd——背吃刀量；

　　　e——退刀量；

　　　ns——精加工形状程序段中的开始程序段号；

　　　nf——精加工形状程序段中的结束程序段号；

　　　Δu——X 轴方向精加工余量；

　　　Δw——Z 轴方向的精加工余量；

f、s、t——F、S、T 代码。

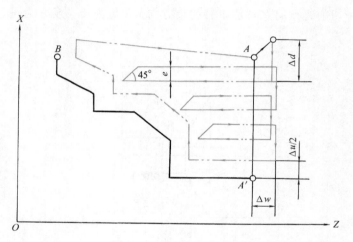

图 3-24　外圆粗加工循环

在此应注意以下几点：

1）在使用 G71 进行粗加工循环时，只有含在 G71 程序段中的 F、S、T 功能才有效。而包含在 $ns \sim nf$ 程序段中的 F、S、T 功能，即使被指定对粗车循环也无效。

2）$A \rightarrow B$ 之间必须符合 X 轴、Z 轴方向的共同单调增大或减少的模式。

3）可以进行刀具补偿。

例　在图 3-25 中，试按图示尺寸编写粗车循环加工程序。

O1

N10	G50	X200	Z140	T0101	
N20	G90	G40	G97	S240	M03
N30	G00	G42	X120	Z10	M08
N40	G96	S120			
N50	G71	U2	R0. 1		
N60	G71	P70	Q130	U2	W2　F0. 3

N70	G00	X40			(ns 段)
N80	G01	Z-30	F0.15	S150	
N90	X60	Z-60			
N100	Z-80				
N110	X100	Z-90			
N120	Z-110				
N130	X120	Z-130			(nf 段)
N140	G00	X125	G40		
N150	X200	Z140			
N160	M02				

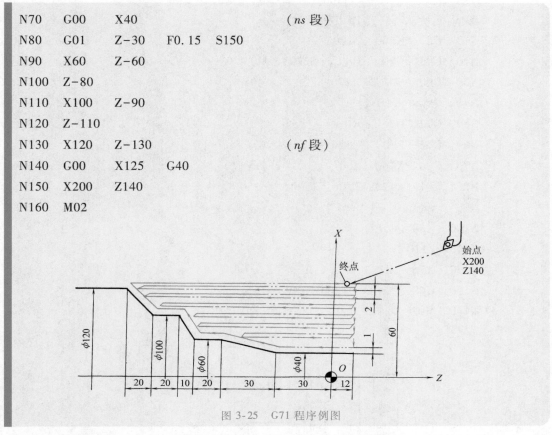

图 3-25　G71 程序例图

（2）端面粗加工循环（G72）　G72 与 G71 均为粗加工循环指令，而 G72 是沿着平行于 X 轴进行切削循环加工的，如图 3-26 所示。编程格式为：

G72　U（Δd）　R（e）

G72　P（ns）　Q（nf）　U（Δu）　W（Δw）　F（f）　S（s）　T（t）

其中参数含义与 G71 相同。

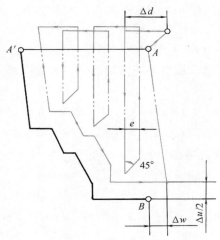

图 3-26　端面粗加工循环

例 图 3-27 所示零件的加工程序为：

```
N10   G50   X200   Z200   T0101
N20   G90   G40    G97    S220    M03
N30   G00   G41    X176   Z2      M08
N40   G96   S120
N50   G72   U3     R0.1
N60   G72   P70    Q120   U2      W0.5    F0.3
N70   G00   X160   Z60                    (ns 段)
N80   G01   X120   Z70    F0.15   S150
N90   Z80
N100  X80   Z90
N110  Z110
N120  X36   Z132                          (nf 段)
N130  G00   G40    X200   Z200
N140  M02
```

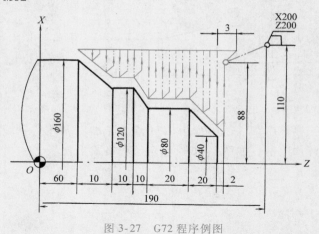

图 3-27　G72 程序例图

（3）封闭切削循环（G73）　所谓封闭切削循环就是按照一定的切削形状逐渐地接近最终形状。这种方式对于铸造或锻造毛坯的切削是一种效率很高的方法。G73 循环方式如图 3-28 所示。指令格式为：

G73　U（i）　　W（k）　　R（d）

G73　P（ns）　Q（nf）　U（Δu）　W（Δw）　F（f）　S（s）　T（t）

其中　i——X 轴上总退刀量（半径值）；

　　　　k——Z 轴上的总退刀量；

　　　　d——重复加工次数。

其余参数含义与 G71 相同。使用 G73 指令时，与 G71、G72 指令一样，只有 G73 程序段中的 F、S、T 有效。

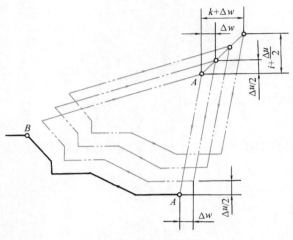

图 3-28　封闭切削循环

例　图 3-29 程序为：

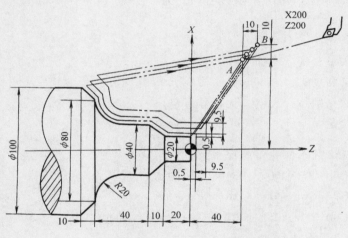

图 3-29　G73 程序例图

N10	G50	X200	Z200	T0101
N20	G97	G40	S200	M03
N30	G00	G42	X140	Z40	M08
N40	G96	S120		
N50	G73	U9.5	W9.5	R3
N60	G73	P70	Q130	U1.0
	W0.5		F0.3	
N70	G00	X20	Z0	（ns 段）
N80	G01	Z−20	F0.15	S150
N90		X40	Z−30	

N100	Z−50			
N110	G02	X80	Z−70	R20
N120	G01	X100	Z−80	
N130	X105			（nf 段）
N140	G00	X200	Z200	G40
N150	M02			

（4）精加工循环（G70）　由 G71、G72 完成粗加工后，可以用 G70 进行精加工。指令格式为：

G70　P（ns）　Q（nf）

其中 ns 和 nf 含义与前述含义相同。

在这里 G71、G72、G73 程序段中的 F、S、T 的指令都无效，只有在 ns～nf 程序段中的 F、S、T 才有效，以图 3-29 所示轮廓加工的程序为例，在 N130 程序段之后再加上"N140　G70　P70　Q130"，就可以完成从粗加工到精加工的全过程。

（5）深孔钻循环（G74）　其编程格式为：

G74　R（e）

G74　Z（W）～　Q（Δk）　F（f）

其中　e——退刀量；

Z（W）——钻削深度；

Δk——每次钻削行程长度（无符号指定）；

f——进给量。

例　图 3-30 所示深孔钻削程序为：

N10	G50	X200	Z100	T0202
N20	G97	S300	M03	
N30	G00	G40	X0	Z5	M08
N40	G74	R1		
N50	G74	Z−80	Q20	F0. 15
N60	G00	X200	Z100	T0200
N70	M02			

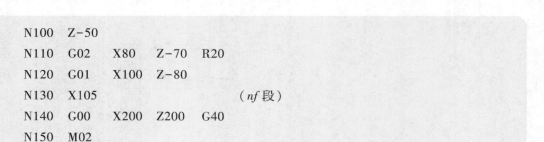

图 3-30　G74 钻孔例图

（6）外径切槽循环（G75）　其编程格式为：

G75　　　R（e）

G75　　　X（u）　　P（Δi）　　F（f）

其中　e——退刀量；

　　　u——槽深；

　　　Δi——每次循环切削量；

　　　f——进给量。

例　图 3-31 所示切槽（切断）程
序为：

　N10　G50　　X200　　Z200　　T0505

　N20　G97　　S700　　M03

　N30　G00　　G40　　X35　　Z−50　　M08

　N40　G96　　S80

　N50　G75　　R1

　N60　G75　　X−1　　P5　　F0. 15

　N70　G00　　X200　　Z200　　T0500

　N80　M02

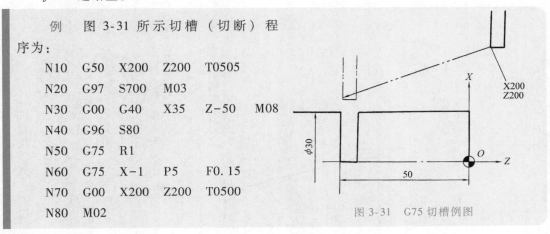

图 3-31　G75 切槽例图

6. 螺纹切削

（1）螺纹切削（G32）　用 G32 指令进行螺纹切削时需要指出终点坐标值及螺纹导
程 F（单位：mm）。编程格式为：

G32　　X（U）〜　　Z（W）〜　　F〜

其中，X(U) 省略时为圆柱螺纹切削，Z(W) 省略时为端面螺纹切削，X(U)、Z(W)
都不省略为圆锥螺纹切削。螺纹切削应注意在两端设置足够的升速进刀段和降速退
刀段。

例　图 3-32 所示圆柱螺纹加工的程序
为（$F = 4\text{mm}$，$\delta_1 = 3\text{mm}$，$\delta_2 = 1.5\text{mm}$）：

　...

　N100　　G00　　　U−60

　N110　　G32　　　W−74. 5　F4

　N130　　G00　　　U60

　N140　　W74. 5

　N150　　U−64

　N160　　G32　　　W−74. 5

　N170　　G00　　　U64

　N180　　W74. 5

　...

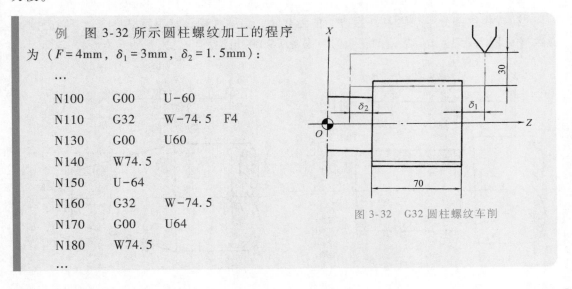

图 3-32　G32 圆柱螺纹车削

例 图 3-33 所示圆锥螺纹加工的程序为（$F = 3.5\mathrm{mm}$，$\delta_1 = 2\mathrm{mm}$，$\delta_2 = 1\mathrm{mm}$）：

...

N100	G00	X12		
N110	G32	X41	W−43	F3.5
N120	G00	X50		
N130	W43			
N140	X10			
N150	G32	X39	W−43	
N160	G00	X50		
N170	W43			

...

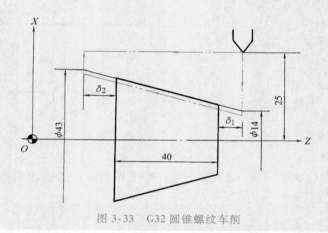

图 3-33 G32 圆锥螺纹车削

（2）螺纹切削循环（G92） 利用 G92，可以将螺纹切削过程中，从始点出发"切入—切螺纹—让刀—返回始点"的四个动作作为一个循环用一个程序段指令。编程格式为：

G92 X（U）~ Z（W）~ I~

当 I（螺纹部分半径之差）后边的值为 0 时，为圆柱螺纹（见图 3-34），否则为圆锥螺纹（见图 3-35）。I 后数值的正负号可参见 G90 的用法。

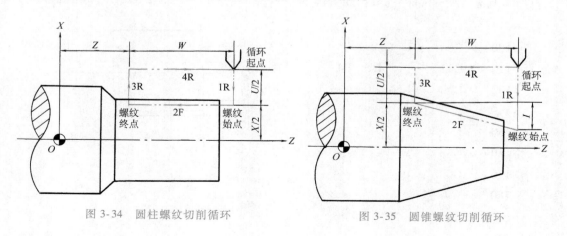

图 3-34 圆柱螺纹切削循环　　　　　图 3-35 圆锥螺纹切削循环

例 图 3-36 所示圆柱螺纹加工的程序为：

N50	G50	X270	Z260		
N60	G97	S300			
N70	T0101	M03			
N80	G00	X35	Z104		
N90	G92	X29.2	Z53	F1.5	
N100	X28.6				
N110	X28.2				
N120	X28.04				
N130	G00	X270	Z260	T0100	M05
N140	M02				

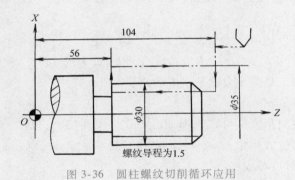

图 3-36 圆柱螺纹切削循环应用

例 图 3-37 所示圆锥螺纹加工的程序为：

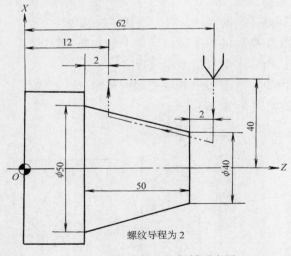

图 3-37 圆锥螺纹切削循环应用

N50	G50	X270	Z260
N60	G97	S300	

N70	M03	T0101			
N80	G00	X80	Z62		
N90	G92	X49.6	Z12	I-5	F2
N100	X48.7				
N110	X48.1				
N120	X47.5				
N130	X47.1				
N140	X47				
N150	G00	X270	Z260	T0100	M05
N160	M02				

（3）复合螺纹切削循环（G76） 用 G76 时一段指令就可以完成复合螺纹切削循环加工程序。指令格式为：

G76　　P（m）（r）（α）　Q（$\Delta d_{\min}$）　R（d）

G76　　X（U）～　Z（W）～　R（i）　P（k）　Q（Δd）　F（f）

其中　　　m——精加工最终重复次数（1~99）；

r——倒角量；

α——刀尖的角度，可以选择 80°，60°，55°，30°，29°，0°六种，其角度数值用两位数指定；m、r、α 可用地址一次指定，如 m = 2，r = 1.2mm，α = 60°时可写成：P02　1.2　60；

$\Delta d_{\min}$——最小切入量；

d——精加工余量；

X（U），Z（W）——终点坐标；

i——螺纹部分半径差（i = 0 时为圆柱螺纹）；

k——螺纹牙型高度（用半径值指令 X 轴方向的距离）；

Δd——第一次的切入量（用半径值指定）；

f——螺纹的导程（与 G32 螺纹切削时相同）。

复合螺纹切削方式如图 3-38 所示。

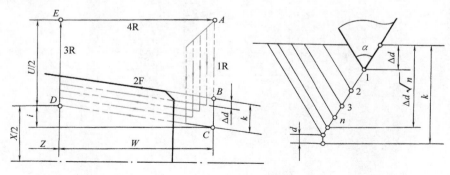

图 3-38　复合螺纹切削循环与进刀法

例　图 3-39 所示螺纹车削的程序为：

...

G76	P021260	Q100	R0.1		
G76	X60.64	Z25	P3680	Q1800	F6

...

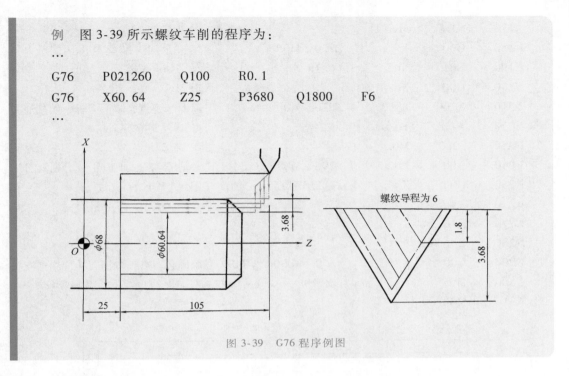

图 3-39　G76 程序例图

六、编程举例

加工图样、刀具布置图及刀具安装尺寸如图 3-40 所示。加工程序如下：

O1						
N10	G50	X200	Z350	T0101		建立工件坐标系
N20	G97	S630	M03			主轴起动
N30	G00	X41.8	Z292	M08		快进至准备加工点；切削液开
N40	G01	X47.8	Z289	F0.15		倒角
N50	Z230					精车螺纹大径
N60	X50					退刀
N70	X62	W−60				精车圆锥面
N80	Z155					精车 ϕ62mm 外圆
N90	X78					退刀
N100	X80	W−1				倒角
N110	W−19					精车 ϕ80mm 外圆
N120	G02	W−60	R70			精车圆弧
N130	G01	Z65				精车 ϕ80mm 外圆
N140	X90					退刀
N150	G00	X200	Z350	T0100	M09	返回起刀点，取消刀补，切削液关
N160	M06	T0202				换刀，建立刀补

N170	S315	M03			主轴起动
N180	G00	X51	Z230 M08		快进至加工准备点；切削液开
N190	G01	X45	F0.16		车 ϕ45mm 槽
N200	G00	X51			退刀
N210		X200	Z350	T0200 M09	返回起刀点，取消刀补，切削液关
N220	M06	T0303			换刀，建立刀补
N230	S200	M03			主轴起动
N240	G00	X62	Z296 M08		快进至准备加工点，切削液开
N250	G92	X47.54	Z232.5F1.5		螺纹切削循环
N260		X46.94			
N270		X46.54			
N280		X46.38			
N290	G00	X200	Z350	T0300　M09	返回起刀点，取消刀补，切削液关
N300	M05				主轴停
N310	M30				程序结束

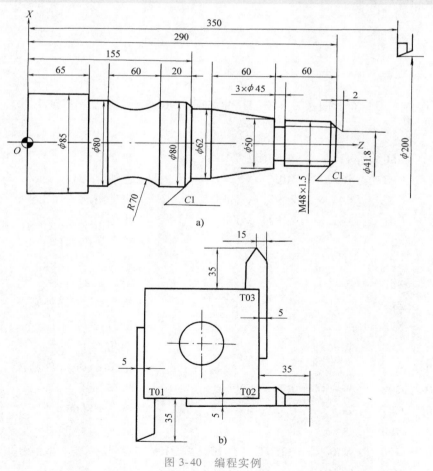

图 3-40　编程实例

a）加工图样　b）刀具布置及安装尺寸

第三节　典型零件的程序编制

　　数控工艺员在拿到车削零件图样后，首先要对它进行数学处理，下面通过一个具体例子来讨论数学处理的步骤与方法。图 3-41 所示为一种圆锥滚子轴承内圆车削尺寸图。为简化例子，G、H 各有一条油沟未画入。

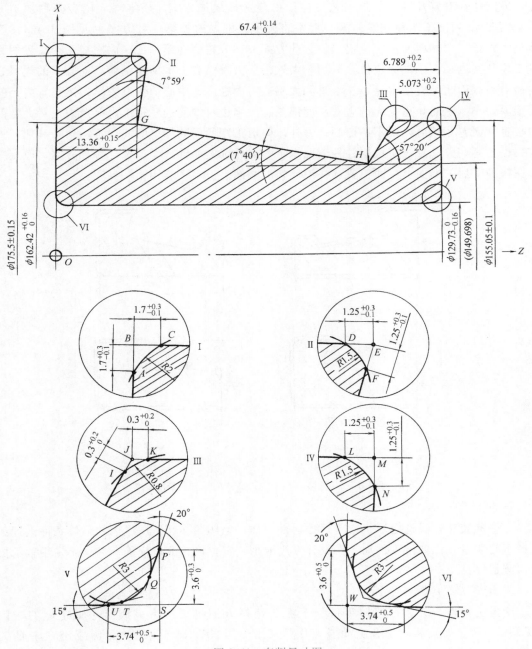

图 3-41　车削尺寸图

一、轴承内圈的数控加工工艺设计及程序编制

1. 确定工序和装夹方式

假设该零件粗车后各个方向都留有1mm左右精车量，用数控车床完成精车工序。从零件结构看，精车应用两道工序来完成，先加工哪一端哪些部位，后加工哪一端哪些部位，以及如何装夹，都应根据图样的技术要求和数控车削的特点来选定。对于一个具体零件，方案往往有好几种，数控工艺员应尽可能选择最佳方案。该零件大体有四种加工方案，图3-42列出了四种方案的第一工序装夹示意图。比如第一种方案（见图3-42a）为装夹大外径，大端面通过定位块定位，此方案大部分轮廓在第一工序内完成，调头后的第二工序装夹内径、小端面定位，只用车大外径、大端面和上下两个倒角。此方案的优点是内径对小端面的垂直度误差小，滚道和大挡边对内径回转中心的角度差小，滚道与内径间的壁厚差小。它的缺点是大挡边的厚度误差、大挡边对端面的平行度误差及内径对大端面的垂直度误差等相对来说不易控制；另外，两道工序所用的加工时间很不均匀。其他三种方案也各有利弊。总之应根据各种情况综合考虑后选定一种，无论选择哪种方案，原点应选在精加工后的端面上，而不要选在毛坯料的端面上。本例选用第一方案。

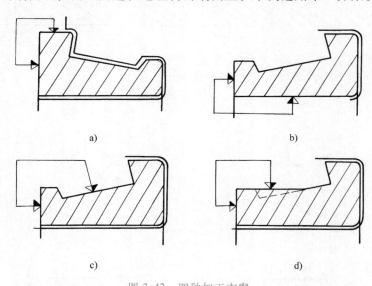

图 3-42　四种加工方案

a）第一方案　b）第二方案　c）第三方案　d）第四方案

2. 设计和选择工艺装备

工序的装夹方式选定后，就要根据零件图样、毛坯图样和所用机床的具体条件设计和选择工艺装备。比如该零件加工需设计专用卡爪、定位块、测量样板，并选用专用轴承检查仪测量等。

3. 选择刀具和确定走刀路线

这里选择第一方案，按照零件加工需要选择五把机夹刀来完成第一道工序的车削（见图3-43）。刀具和硬质合金涂层刀片可采用美国KENNAMETAL标准，五把刀具的刀体型号、所用刀片的型号和牌号以及刀尖圆弧半径见表3-2。

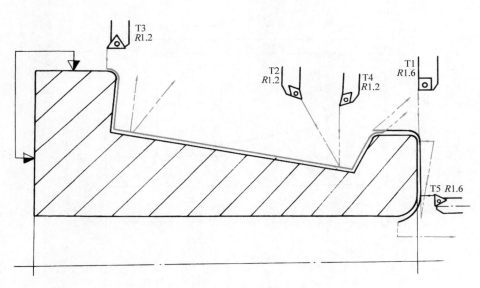

图 3-43　刀具和走刀路线

表 3-2　刀具明细表

刀具序号	刀体型号	刀片型号	刀片牌号	刀尖圆弧半径/mm
T1	PCLNR2525 M12	CNMG120416	KC9110	1.6
T2	PTJNL2525 M15	DNMG150612-15	KC9110	1.2
T3	PTFNR2525 M22	TNMG220412-61	KC9110	1.2
T4	PTJNR2525 M15	DNMG150612-15	KC9110	1.2
T5	S50W-PTFNR22-W	TNMG220416-61	KC9110	1.6

4. 选择刀片和决定切削用量

选择刀片应考虑材料的切削性能、毛坯的余量、零件的尺寸精度和表面粗糙度值的要求、机床的自动化程度等因素。刀片的外形（主要是角度）是与刀体一起根据零件轮廓形状来决定的。刀片的牌号（材质）可根据 KENNAMETAL 公司样本并结合试切试验来确定，这里选用 KC9110。试切表明，这些刀片切削此零件的线速度用 150m/min，进给量用 0.35mm/r 比较合适，单向背吃刀量不应超过 1.5mm。对刀片的断屑槽形式也可根据切削试验来加以确定。

5. 计算基点坐标值

根据图 3-44、图 3-45，用 AutoCAD 软件画出轮廓图（见图 3-46），算出基点坐标值，见表 3-3。

6. 程序编制

设图 3-43 中的五把刀依次装在 T1~T5 刀位，X、Z 向均以假想刀尖点为编程点，对刀所得尺寸见表 3-4。程序为：

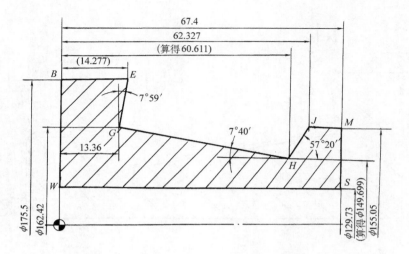

图 3-44　大轮廓基点从原点开始的基本尺寸

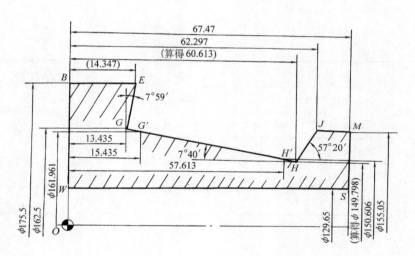

图 3-45　大轮廓基点原则上取公差中值的尺寸

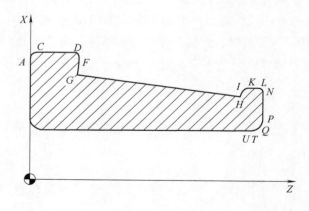

图 3-46　轮廓图

表3-3 基点坐标值 （单位：mm）

点	X 坐标	Z 坐标	点	X 坐标	Z 坐标
A	171.9	0	K	155.05	62.697
C	175.5	1.8	L	155.05	66.12
D	175.5	12.999	N	152.35	67.47
F	172.826	14.16	P	136.85	67.47
G	162.5	13.435	Q	134.028	66.956
H	149.798	60.613	T	130.284	64.914
I	154.376	62.081	U	129.65	63.73

表3-4 对刀所得尺寸 （单位：mm）

刀 位 号	X 向值	X 向比上一把刀长出	Z 向值	Z 向比上一把刀长出
T1	460.650	—	505.168	—
T2	458.314	2.336	553.467	-48.299
T3	462.285	-3.971	504.383	49.084
T4	458.769	3.516	506.741	-2.358
T5	484.606	-25.837	447.887	58.854

O18	
N10 G50 G97 X460.65 Z505.168 S257 T0100	设定坐标系；使刀架转到1号位；定转速设置
N20 G90 G00 X175.05 Z67.47 T0101 M03	刀具快速到达小端面上方；使刀具长度补偿起作用；主轴正向起动
N30 X161.05 M08	刀具快速到达小端面准备切削点；切削液开
N40 G01 G96 X124 F0.4 S130	用恒线速度切削小端面
N50 G00 X142.864 Z67.47	刀具快速到达切削 M 处圆角的 G42 的入口点
N60 G42 X146.864	建立右刀补
M70 G01 X152.35	切过渡线段（空切）
N80 G03 X155.05 Z66.12 R1.5 F0.15	切 R1.5mm 圆弧
N90 G01 Z60 F0.3	切削小外径
N100 G00 G40 G97 X460.65 Z100 S267 T0100	撤销刀具长度补偿；撤销刀尖圆弧半径补偿；刀架回到 X 向起始位、Z100 处
N110 G50 X458.314 Z148.299 T0200	转用第二把刀；变换坐标系
N120 X160 Z57 S268 T0202	快速到达切削小挡边的第一准备点；让刀具长度补偿起作用；转速加到 268r/min
N130 X154.606	刀尖到达切削小挡边的第二准备点
N140 G01 G41 G96 X150.606 Z57.613 S130	建立左刀补；进入恒线速度切削
N150 X149.798 Z60.613	切削滚道 H'H 段
N160 X154.376 Z62.081 F0.2	车削小挡边
N170 G02 X155.05 Z62.697 R0.8 F0.15	车 R0.8mm 圆角

N180 G00 G40 G97 X458.314 Z100	刀架回 X 向起始位、Z100 处；取消左刀补；取消
S267 T0200	刀具长度补偿；取消恒线速度
N190 G50 X462.285 Z50.916 T0300	转用第三把刀；变换坐标
N200 X179.5 Z10.797 S264 T0303	假想刀尖点快速到达切削大挡边的准备点；
	让刀具长度补偿起作用
N210 G01 G41 G96 X175.5 Z12.999	建立左刀补；进入恒线速度切削
S130 F0.3	
N220 G02 X172.826 Z14.16 R1.5 F0.15	切削 R1.5mm 圆弧
N230 G01 X162.5 Z13.435 F0.3	切大挡边
N240 X161.961 Z15.435 F0.4	车一小段滚道
N250 G00 G40 G97 X462.285 Z100	让刀架回 X 向起始位、Z100 处；取消 G41；取
S255 T0300	消刀具长度补偿；取消恒线速度
N260 G50 X458.769 Z102.358 T0400	转用第四把刀；变换坐标
N270 G00 X154.606 Z56.413 T0404	快速到达准备点；计入刀具长度补偿；
N280 G01 G42 G96 X150.606 Z57.613 S130	刀尖圆弧到达 G42 入口点；恒线速度恢复
N290 X161.961 Z15.435	切削滚道
N300 G00 G40 G97 X458.769 Z150	刀架回 X 向起始位、Z100 处；取消 G42；取消
S255 T0400	刀具长度补偿；取消恒线速度切削
N310 G50 X484.606 Z91.146 T0500	转用第五把刀；变换坐标
N320 G41 X144.845 Z67.47 S290 T0505	刀尖圆弧快速到达切削 S 处倒角部分的准备
	点；计入刀具长度补偿
N330 G01 G96 X142.845 S130	空切削一段与端面平行的面（距端面 1mm）；
	恢复恒线速度
N340 X134.028 Z66.956 F0.15	切削 20°斜面
N350 G02 X130.284 Z64.914 R3	切削 R3mm 圆弧
N360 G01 X129.65 Z63.73	切削 15°斜面
N370 G00 G40 X110 K-1 M09	取消 G41；切削液关
N380 G97 Z70 S300	刀具快速退到 Z70 处；恒线速度取消
N390 X484.606 Z447.887 T0500 M05	刀架快速回到起始位；取消刀具长度补偿；主
N400 T0100	轴停，刀架转回第一把刀
N410 M02	程序结束

二、锥孔螺母套零件的数控加工工艺设计及程序编制

图 3-47 所示为锥孔螺母套零件，试使用装备 FANUC-01 系统的 CK6140 数控车床，就小批量生产确定加工工艺及程序。

1. 零件图样分析

锥孔螺母套的加工表面由内外圆柱面、圆锥面、圆弧面及内螺纹等组成，其中

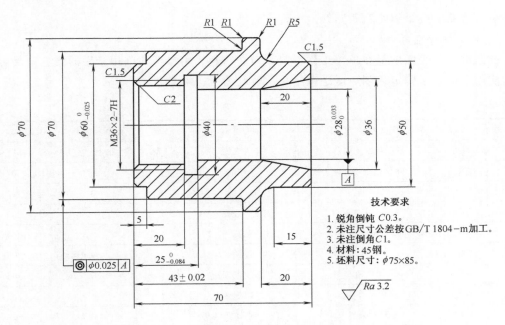

图 3-47 锥孔螺母套

$\phi28\text{mm}$ 孔、$\phi60\text{mm}$ 外圆及 25mm、43mm 两个长度尺寸的尺寸精度及几何公差的要求较高。零件形状描述清晰完整，尺寸标注完整，基本符合数控加工尺寸标注要求，切削加工性能较好，适于采用数控车床加工。

2. 加工工艺性分析

毛坯为 $\phi75\text{mm}\times85\text{mm}$ 的锻件，毛坯余量适中。对零件图样中标注公差的尺寸，编程时均应转换为对称公差，以转变后的轮廓尺寸编程。因而

$\phi28^{+0.033}_{0}$ 改为 $\phi28.016\pm0.016$

$\phi60^{0}_{-0.025}$ 改为 $\phi59.988\pm0.012$

$25^{0}_{-0.084}$ 改为 24.958 ± 0.042

左、右端面均为多个尺寸的设计基准面，相应工序加工前，应先加工左、右两端面，并作为 Z 向编程原点。

内孔内螺纹加工完成后，需调头再加工其他表面。

3. 确定工序和装夹方式

加工顺序按由内到外、由粗到精的原则确定，在一次装夹中尽可能加工出较多的工件表面。针对该零件的结构特点，可先粗、精加工外圆及内孔各表面，再精加工内孔各表面，然后精加工外轮廓表面。加工内孔时，先以毛坯外圆定位（见图 3-48），用自定心卡盘夹紧进行右端面、外圆、内螺纹等加工；调头后（见图 3-49），以精车过的外圆定位，加工端面、内孔和圆锥孔。加工外轮廓时，为保证同轴度要求和便于装夹，用一心轴以左端面和内孔定位，如图 3-50 所示；同时，将心轴右端用尾座顶尖顶紧，以提高工艺系统刚性。

4. 选择刀具和确定走刀路线

所选用刀具见表 3-5。

确定走刀路线时，主要以表面切削要求为主。由于零件为单件小批量生产，要适当考

虑最短进给路线或最短空行程路线。

5. 切削用量选择

根据被加工表面质量要求、工件材料和刀具材料，可参考切削用量手册或选定品牌刀具的使用手册，来确定切削速度、进给量、背吃刀量等参数。

表 3-5　数控加工刀具卡片

零件号	N1-102	零件名称	锥孔螺母套	零件材料	45 钢	程序号	O1111、O2222、O3333
序号	刀具号	刀具名称及规格	加工表面	数量	刀尖圆弧半径/mm		补偿号
1	T01	45°硬质合金端面车刀	车端面	1	0.5		01
2	T02	93°右偏刀	车外圆	1	0.2		02
3	T03	φ4mm 中心钻	钻中心孔	1			03
4	T04	φ27.5mm 钻头	钻孔	1			04
5	T05	镗刀	镗孔	1	0.4		05
6	T06	5mm 宽内槽车刀	切螺纹退刀槽	1	0.4		06
7	T07	内螺纹车刀	车内螺纹	1	0.3		07
8	T08	93°左偏刀	自左向右车外轮廓	1	0.2		08
编制		审核		批准			

6. 拟订工序卡片

将上述确定的各项内容综合后，填写数控加工工序卡片（见表 3-6），作为数控程序编制人员及调整、操作人员的指导性文件。

表 3-6　数控加工工序卡片

零件号	N1-102			零件名称		锥孔螺母套	零件材料	45 钢
程序号	O1111、O2222、O3333		机床型号		CK6140		制表日期	
工步号	工步内容	夹具	刀具号	主轴转速/(r/min)	进给速度/(mm/min)	背吃刀量/mm	补偿号	备注
1	车左端面		T01	320	60	1	01	
2	车外圆至 φ72mm		T02	320	60	1	02	
3	钻中心孔		T03	950	10	2	03	
4	钻 φ27.5mm 孔		T04	200	10	13.75	04	
5	镗螺纹孔至 φ34.2mm 并倒角	自定心卡盘	T05	320	40 25	0.5 0.1	05	
6	切螺纹退刀槽		T06	320	10		06	
7	车螺纹至 M36×2-7H		T07	320		0.4		
8	调头，车右端面		T01	320	60	1	01	
9	镗内孔及内锥面至尺寸		T05	320	40 25	0.5 0.1	05	
10	装心轴，车右侧外轮廓面	圆柱心轴	T02	320	60	1	02	
11	车左侧外轮廓面		T08	320	60		08	
编制		审核		批准			共1页	第1页

7. 编制加工程序

（1）外圆及螺纹孔加工 如图 3-48 所示，用自定心卡盘装夹零件后，编程原点设在零件右端面。其加工程序如下：

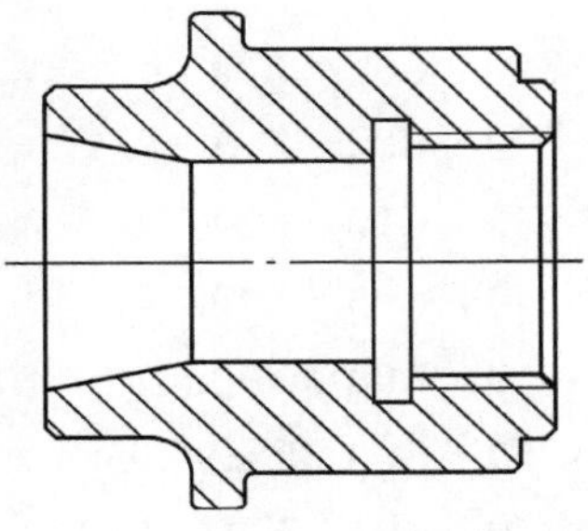

图 3-48 加工螺纹孔

O1111						
N10	G50	X200	Z140	T0101		
N20	G90	G40	G97	S320	M03	
N30	G00	G41	X85	Z7	M08	
N40	G96	S120				
N50	G94	X0	Z4	F60		车端面
N60	G00	Z3				
N70	G94	X0	Z1	F30		
N80	G00	Z2				
N90	G94	X0	Z0	F30		
N100	G00	G40	X200	Z140		
N110	G97	S320				
N120	G00	G41	X85	Z2	T0202	车外圆
N130	G71	U1	R0.5			
N140	G71	P150	Q170	U0.5	W1	F60	S320
N150	G00	X72				
N160	G01	Z-60	F30			
N170	G00	X75				
N175	G70	P150	Q170			
N180	G00	G40	X200	Z140		
N190	G00	X0	Z2	T0303	S950	钻中心孔
N200	G01	Z-2	F30			
N210	G00	Z10				
N220	G00	X200	Z140			
N230	G00	X0	Z2	T0404	S320	钻孔
N240	G01	Z-75	F10			
N250	G00	G40	X200	Z140		
N260	G00	G41	X75	Z10	T0505	S320	镗孔
N270	G71	U1	R-0.5			
N280	G71	P290	Q330	U0.5	W0.5	F40
N290	G00	X40.2	Z1	F30		
N300	G01	X34.2	Z-2			
N310	G01	Z-22				

N320	G00	X33					
N330	G00	Z10					
N335	G70	P290	Q330				
N340	G00	X200	Z140				
N350	G00	X33	Z2	T0606	S320		切槽
N360	G00	Z-24.958					
N370	G01	X40	F10				
N380	G04	X5					
N390	G00	X33					
N400	G00	Z10					
N410	G00	X200	Z140				
N420	G00	X34	Z3	T0606	S320		车螺纹
N430	G76	P021260	Q100	R-0.1			
N440	G76	X36	Z-22	R0	P1100	Q500	F2
N450	G00	Z10					
N460	G00	X200	Z140	M05	M30		

（2）加工内孔、内锥面　如图3-49所示，用自定心卡盘调头装夹零件后，编程原点设在零件右端面。其加工程序如下：

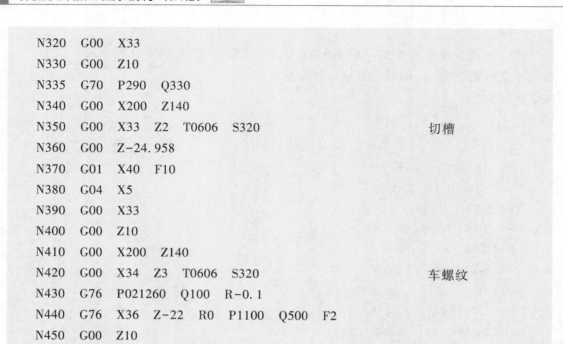

图3-49　加工圆锥孔

```
O2222
N10   G50  X200  Z140  T0101
N20   G90  G40  G97  S320  M03
N30   G00  G41  X85  Z7  M08
N40   G96  S120
N50   G94  X0  Z4  F60          车端面
N60   G00  Z3
N70   G94  X0  Z1  F30
N80   G00  Z2
N90   G94  X0  Z0  F0.2
N100  G00  G40  X200  Z140
N110  G97  S320
N120  G00  G42  X25  Z2  M08  T0505    车外圆
N130  G71  U0.5  R-0.2
N140  G71  P150  Q200  U0.1  W0.1  F60
N150  G00  X36.016  Z2
N160  G01  Z0
```

N170	G01	X28.016	Z-20		
N180	G01	Z-47			
N190	G01	X27			
N200	G00	Z10			
N210	G70	P150	Q200		
N220	G00	X200	Z140	M05	M30

（3）加工外轮廓　如图 3-50 所示，用心轴装夹零件后，编程原点设在零件左端面。其加工程序如下：

```
O3333
N10    G50    X200    Z140    T0202
N20    G90    G40    G97    S320    M03
N30    G00    G42    X85    Z2    M08
N40    G71    U0.5    R0.2
N50    G71    P60    Q110    U0.1    W1    F60
N60    G00    X43    Z2
N70    G01    X50    Z-1.5
N80    G01    Z-20    R5
N90    G01    X70    R-1
N100    G01    Z-30
N110    G00    X72
N120    G00    G40    X200    Z140
```

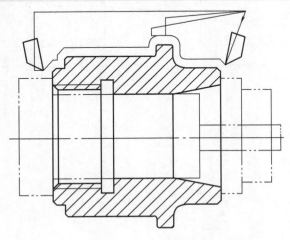

图 3-50　加工外轮廓

练习与思考题

3-1　不同档次的数控车床其功能有什么差别？

3-2 数控车床上加工零件为什么需要对刀？如何对刀？

3-3 手动对刀时，如果采用相对位置检测器，除教材中介绍的方法外，还可采用什么方法？如果采用绝对位置检测器，应如何进行对刀？

3-4 选择数控车床的工艺装备时，应考虑哪些问题？

3-5 请自己总结数控车床程序编制有哪些特点？试说明 S 功能、T 功能、M 功能及 G 功能代码的含义及用途。

3-6 编制图 3-51 中各零件的数控加工程序。

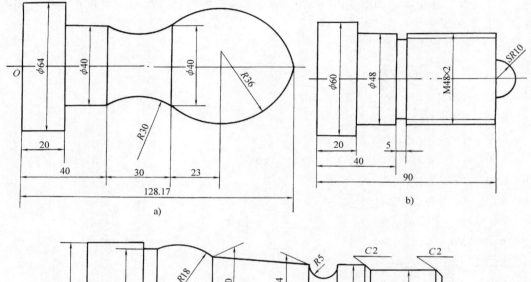

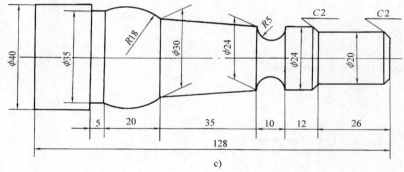

图 3-51 题 3-6 图

a) 铸件 b)、c) 棒料

第四章

数控铣床与加工中心的程序编制

　　数控铣床是一种加工功能很强的数控机床。由于数控铣削工艺较为复杂，需要解决的技术问题也较多，因此，在研究数控机床加工程序编制时，数控铣削加工是一项重点内容。目前，迅速发展起来的加工中心、柔性加工单元等都是在数控铣床的基础上产生的，两者都具备铣削功能。由于数控铣床加工和加工中心加工有许多共性问题，因而本章将以数控铣床的加工程序编制为基础，结合加工中心的编程特点，重点讨论加工程序编制的基本方法。

第一节　程序编制的基础

一、机床的主要功能及加工对象

1. 机床主要功能

　　数控铣床、加工中心像通用铣床一样分为立式、卧式和立卧两用式，其加工功能丰富，各类机床配置的数控系统虽不尽相同，但其主要功能是相同的。数控铣床可进行铣削、钻削、镗削、螺纹加工等。加工中心相对于数控铣床的最大特点是通过自动换刀来实现工序或工步集中，因而加工中心不仅能完成数控铣床的加工内容，而且能加工形状复杂、工序多、精度要求高、需用多种类型通用机床经过多次装夹才能完成加工的零件。立式加工中心主要用于 Z 轴方向尺寸相对较小的零件加工；卧式加工中心一般具有回转工作台，特别适合于箱体类零件的加工，一次装夹可加工箱体的四个表面；立卧两用式加工中心主轴方向能做角度旋转，零件一次装夹后，能完成除定位基准面外的五个面的加工。

数控铣床一般具有下列主要功能：

　　（1）点位控制功能　利用这一功能，在数控铣床可以进行只需要做点位控制的钻孔、扩孔、锪孔、铰孔和镗孔等加工。

　　（2）连续轮廓控制功能　数控铣床通过直线与圆弧插补，可以实现对刀具运动轨迹的连续轮廓控制，加工出由直线和圆弧两种几何要素构成的平面轮廓工件。对非圆曲线（椭圆、抛物线、双曲线等二次曲线及对数螺旋线、阿基米德螺旋线和列表曲线等）构成

的平面轮廓，在经过直线或圆弧逼近后也可以加工。除此之外，还可以加工一些空间曲面。

（3）刀具半径自动补偿功能 使用这一功能，在编程时可以很方便地按工件实际轮廓形状和尺寸进行编程计算，而加工中可以使刀具中心自动偏离工件轮廓一个刀具半径，加工出符合要求的轮廓表面。也可以利用该功能，通过改变刀具半径补偿量的方法来弥补铣刀制造的尺寸精度误差，扩大刀具直径选用范围及刀具返修刃磨的允许误差。还可以利用改变刀具半径补偿值的方法，以同一加工程序实现分层铣削和粗、精加工或用于提高加工精度。此外，通过改变刀具半径补偿值的正负号，还可以用同一加工程序加工某些需要相互配合的工件（如相互配合的凹、凸模等）。

（4）刀具长度补偿功能 利用该功能可以自动改变切削平面高度，同时可以降低在制造与返修时对刀具长度尺寸的精度要求，还可以弥补轴向对刀误差。

（5）镜像加工功能 镜像加工也称为轴对称加工。对于轴对称形状的工件，利用这一功能，只要编出一半形状的加工程序就可完成全部加工。

（6）固定循环功能 利用数控铣床对孔进行钻、扩、铰、锪和镗加工时，加工的基本动作是：刀具无切削快速到达孔位—慢速切削进给—快速退回。对于这种典型化动作，可以专门设计一段程序（子程序），在需要的时候进行调用来实现上述加工循环。特别是在加工许多相同的孔时，应用固定循环功能可以大大简化程序。利用数控铣床的连续轮廓控制功能时，也常常遇到一些典型化的动作，如铣整圆、方槽等，也可以实现循环加工。对于大小不等的同类几何形状（圆、矩形、三角形、平行四边形等），也可以用参数方式编制出加工各种几何形状的子程序，在加工中按需要调用，并对子程序中设定的参数随时赋值，从而加工出大小不同或形状不同的工件轮廓及孔径、孔深不同的孔。目前，已有不少数控铣床的数控系统附带有各种已编好的子程序库，并可以进行多重嵌套，用户可以直接加以调用，编程则更加方便。

（7）特殊功能 有些数控铣床在增加了计算机仿形加工装置后，可以在数控和靠模两种控制方式中任选一种来进行加工，从而扩大了机床使用范围。

具备自适应功能的数控铣床可以在加工过程中"感受"切削状况（如切削力、温度等）的变化，并通过适应性控制系统及时控制机床改变切削用量，从而始终保持最佳状态，获得较高的切削效率和加工质量，延长刀具使用寿命。

数控铣床在配置了数据采集系统后，就具备了数据采集功能。数据采集系统可以通过传感器（通常为电磁感应式、红外线或激光扫描式）对工件或实物依据（样板、模型等）进行测量和采集所需要的数据。而且，目前已出现既能对实物扫描采集数据，又能对采集到的数据进行自动处理并生成数控加工程序的系统（简称录返系统）。这种功能为那些必须按实物依据生产的工件实现数控加工带来了很大的方便，大大减少了对实样的依赖，为仿制与逆向进行设计-制造一体化工作提供了有效手段。

2. 加工工艺范围

铣削是机械加工中最常用的加工方法之一，它主要包括平面铣削和轮廓铣削，也可以对零件进行钻孔、扩孔、铰孔、锪孔、镗孔以及螺纹加工等。在铣削加工中，它特别适用于加工下列几类零件：

（1）平面类零件　平面类零件是指加工面平行、垂直于水平面或加工面与水平面的夹角为定角的零件。目前在数控铣床上加工的绝大多数零件属于平面类零件，这类零件的特点是，各个加工表面是平面，或可以展开为平面。图 4-1 所示的三个零件都属于平面类零件，其中的曲线轮廓面 M 和正圆台面 N 展开后均为平面。

平面类零件是数控铣削加工对象中最简单的一类，一般只需用三坐标数控铣床的两坐标联动（即两轴半坐标加工）就可以把它们加工出来。有些平面类零件的某些加工表面（或加工表面的母线）与水平面既不垂直也不平行，而是存在一个定角，这些斜面的加工常用以下几种方法：

1）对图 4-1b 所示的斜面 P，当工件尺寸不大时，可用斜板垫平后加工，如机床主轴可以摆角，则可以摆成适当的定角来加工。当工件尺寸很大，斜面坡度又较小时，也常用行切法加工，但会在加工面上留下叠刀时的刀峰残留痕迹，要用钳修方法加以清除。当然，加工斜面的最佳方法是用五坐标铣床主轴摆角后加工，可以不留残痕。

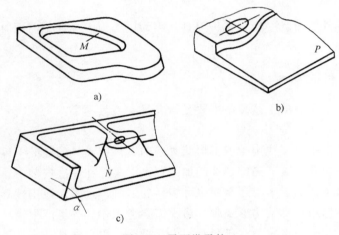

图 4-1　平面类零件

2）图 4-1c 所示的正圆台和斜肋表面，一般可用专用的角度成形铣刀来加工，此时若采用五坐标铣床摆角加工反而不经济。

（2）变斜角类零件　加工面与水平面的夹角呈连续变化的零件称为变斜角类零件。图4-2所示为飞机上的一种变斜角梁缘条，该零件在第 2 肋至第 5 肋的斜角 α 从3°10′均匀变化为2°32′，从第 5 肋至第 9 肋再均匀变化为 1°20′，从第 9 肋到第 12 肋又均匀变化至0°。变斜角类零件的变斜角加工面不能展开为平面，但在加工中，加工面与铣刀圆周接触的瞬间为一条直线。

加工变斜角类零件最好采用四坐标和五坐标数控铣床摆角加工，在没有上述机床时，也可在三坐标数控铣床上进行二轴半控制的近似加工。

（3）曲面类（立体类）零

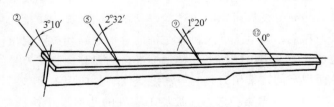

图 4-2　变斜角梁缘条

件 加工面为空间曲面的零件称为曲面类零件。曲面类零件的加工面不仅不能展开为平面，而且它的加工面与铣刀始终为点接触。加工曲面类零件一般采用三坐标数控铣床。常用的加工方法主要有下列两种：

1）采用三坐标数控铣床进行两轴半坐标控制加工，加工时只有两个坐标联动，另一个坐标按一定行距周期性进给。这种方法常用于不太复杂的空间曲面的加工。图 4-3 所示为对曲面进行两轴半坐标行切加工的示意图。

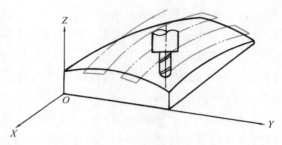

图 4-3 两轴半坐标行切加工曲面

2）采用三坐标数控铣床三坐标联动加工空间曲面。所用铣床必须能进行 X、Y、Z 三坐标联动加工，进行空间直线插补。这种方法常用于发动机及模具等较复杂空间曲面的加工。

加工曲面类零件的刀具一般是球头刀具，因为用其他刀具加工曲面时更容易产生干涉而铣伤邻近表面。

二、工艺装备的特点

数控铣床和加工中心的工艺装备主要是指夹具和刀具两类。

1. 夹具

数控铣床和加工中心往往用于加工形状复杂的零件，夹具的任务不仅是装夹零件，而且要以定位基准为参考基准，确定零件的加工原点。零件在一次安装中，既要对其进行粗加工又要进行精加工，加工中心还需要多种多样的刀具，且不能使用镗套、钻套及对刀块等元件。因此，在选用夹具结构形式时，通常需要考虑零件的生产批量、生产效率、质量保证及经济性等。在生产量较小或研制时，应尽量采用组合夹具；小批量或成批生产时可考虑采用专用夹具；在生产批量较大时，可考虑采用多工位夹具和气动、液压夹具，但此类夹具结构较复杂，造价也较高，而且制造周期较长。

夹具在机床上的安装误差和零件在夹具中的装夹误差对加工精度都将产生直接的影响。即使在编程原点与定位基准重合的情况下，也要求对零件在机床坐标系中的位置进行准确的调整。夹具中零件定位支承面的磨损及污垢也会引起加工误差，因此，操作者在装夹零件时一定要将污物去除干净。

2. 刀具

根据被加工零件材料、热处理状态、切削性能及加工余量，选择刚性好、寿命长的刀具，是充分发挥机床的生产效率和获得满意加工质量的前提。在加工中心上，为实现自动换刀功能，刀柄要满足机床主轴的自动松开和拉紧定位，适应机械手的夹持和搬运等。数控机床大多采用已经系列化、标准化的刀具，这类刀具的标准主要是针对刀柄和刀头两部分而规定的，选用刀具时应注意查阅有关使用手册。

（1）铣刀类型选择 被加工零件的几何形状是选择刀具类型的主要依据。常用的刀具主要有各种通用铣刀、加工曲面类零件的球头铣刀、为特定的工件或加工内容专门设计

制造的成形铣刀、加工变斜角
面的鼓形铣刀等。

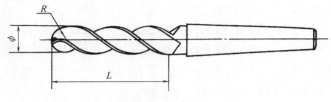

图 4-4　球头铣刀

1）加工曲面类零件时，为
了保证刀具切削刃与加工轮廓
在切削点相切，避免切削刃与
工件轮廓发生干涉，一般采用
球头铣刀，如图 4-4 所示。粗加工用两刃铣刀，半精加工和精加工用四刃铣刀。

2）铣较大平面时，为了提高生产效率和减小加工表面粗糙度值，一般采用盘形铣
刀；铣小平面或台阶面时一般采用通用立铣刀，如图 4-5 所示。平面的铣削加工有周铣和
端铣两种方法。

周铣是利用圆柱铣刀的圆周刀齿铣削平面的方法。周铣有逆铣和顺铣之分。顺铣时进
给运动易产生窜动，造成进给的不平稳；而逆铣则相反，其进给运动平稳。通常，由于数
控机床传动采用滚珠丝杠结构，其进给传动间隙很小，顺铣的工艺性就优于逆铣。但当工
件表面硬度较高（如铸、锻件毛坯表面）时，宜用逆铣。周铣时，同时参加切削的刀齿
不如端铣的多，切削厚度变化较大，容易引起振动，使切削不够平稳。周铣可利用多种形
式的刀具，不但可以加工平面，还可以加工沟槽、齿形和成形面。因此，尽管周铣存在许
多不足，实际生产中仍常应用。

端铣是一种利用面铣刀的端面刀齿铣削平面的方法。面铣刀一般直接安装在主轴上，
悬伸短，刚性好。另外，面铣刀一般都镶装硬质合金刀片，可采用高速铣削。端铣比周铣
质量好、效率高。

3）孔加工时，常采用钻头、镗刀等孔加工类刀具，如图 4-6 所示。

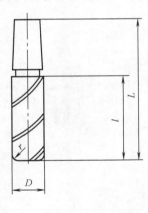

图 4-5　通用立铣刀

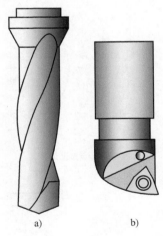

a)　　　　　　　b)

图 4-6　孔加工刀具

a）钻头　b）镗刀

（2）铣刀结构选择　铣刀一般由刀片、定位元件、夹紧元件和刀体组成。由于刀片
在刀体上有多种定位与夹紧方式，刀片定位元件的结构又有不同类型，因此铣刀的结构形
式有多种，分类方法也较多。选用时，主要可根据刀片的排列方式选择。铣刀结构按刀片

排列方式可分为平装结构和立装结构两大类。

1）平装结构（刀片径向排列）。平装结构铣刀（见图4-7）的刀体结构工艺性好，容易加工，并可采用无孔刀片（刀片价格较低，可重磨）。由于需要夹紧元件，刀片的一部分被覆盖，容屑空间较小，且在切削力方向上的硬质合金截面较小，故平装结构的铣刀一般用于轻型和中量型的铣削加工。

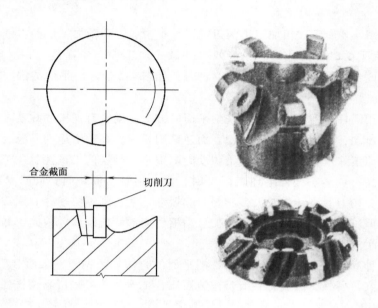

图4-7　平装结构铣刀

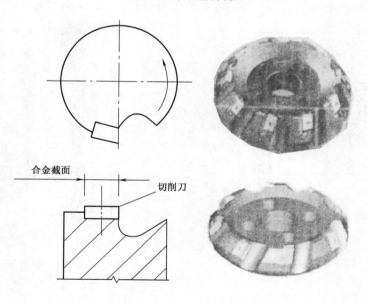

图4-8　立装结构铣刀

2）立装结构（刀片切向排列）。立装结构铣刀（见图4-8）的刀片只用一个螺钉固定在刀槽上，结构简单，转位方便。虽然刀具零件较少，但刀体的加工难度较大，一般需用五坐标加工中心进行加工。由于刀片采用切削力夹紧，夹紧力随切削力的增大而增大，因此可省去夹紧元件，增大了容屑空间。由于刀片切向安装，在切削力方向上的硬质合金截面较大，因而可进行大背吃刀量、大进给量切削。这种铣刀适用于重型和中量型的铣削加工。

面铣刀是数控铣床最常用的刀具，编程前经常要对面铣刀的几何尺寸进行选择。图 4-9 所示为一把典型的面铣刀加工简图。其中：D 为铣刀直径，L 为铣刀总长，l 为铣刀刃长，r 为铣刀端刃圆角半径，H 为所要铣削的工件侧壁最大高度（或最大槽深），R 为工件壁板之间的转接圆弧半径。

在选择铣刀直径时，首先要认真考虑工件加工部位的几何尺寸，一般来说，为减少走刀次数、提高生产效率及保证铣刀有足够的刚性，应尽量选择直径较大的铣刀。但选择铣刀直径时常常受到某些因素的制约，如加工区域的开敞性、内腔尺寸的大小、工件材料及工件的刚性等。特别是当工件内轮廓转接圆弧（凹圆弧）R 较小，而槽深或壁板高度 H 较大时，会将刀具限制为细长形，其刚性就很差。铣刀直径 D 与刃长 l 的比值大小能客观地反映出铣刀刚性特征，这里推荐将 $D/l \geqslant 0.5$ 作为检验铣刀刚性的条件。

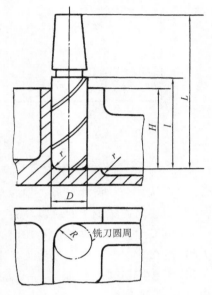

图 4-9 面铣刀的加工简图

为了解决当工件内转接半径 R 较小，而槽深或壁板高度 H 较大时，铣刀刚性差、加工困难的问题，通常要采取大小不同的两把铣刀进行粗、精加工。在使用中要防止因盲目选用了过大直径的粗加工铣刀而产生在精加工后留下未能铣去的"死角"，或因留给精加工的余量过大而造成精加工困难等问题。

铣刀刃长以避免刀具细长提高刚性为好，故其刃长只要能保证将工件铣出即可。

1）当加工深槽或不通孔时，选 $l = H + 2mm$。

2）当加工外形或通孔、通槽时，选 $l = H + r + 2mm$。

铣刀端刃圆角半径 r 的大小一般应与零件图样要求一致，但粗加工铣刀因尚未切削到工件的最终轮廓尺寸，也可以适当选得小些，有时甚至可选为"清根"（$r = 0 \sim 0.5mm$），但在编程时需要认真考虑精加工以后留下多少余量，以保证精加工铣刀可以把图样要求的 r 加工出来，不要造成其根部缺损。

三、加工工艺性分析

机械加工的工艺性分析关系到机械加工的效果，对于数控铣削和加工中心加工也是如此，因此加工工艺性分析是编程前的重要工艺准备工作之一，不可忽视。

1. 选择并确定数控加工部位及工序内容

在选择数控加工内容时，应充分发挥数控机床的优势和关键作用。主要选择的加工内容有：

1）工件上的曲线轮廓，特别是由数学表达式给出的非圆曲线与列表曲线等曲线轮廓，如图 4-10 所示的正弦曲线。

2）已给出数学模型的空间曲面，如图 4-11 所示的球面。

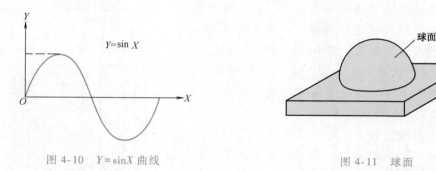

图 4-10　$Y=\sin X$ 曲线　　　　　　　图 4-11　球面

3）形状复杂、尺寸繁多、划线与检测困难的部位。

4）用通用铣床加工时难以观察、测量和控制进给的内外凹槽。

5）以尺寸协调的高精度孔和面。

6）能在一次安装中顺带加工出来的简单表面或形状。

7）用数控切削方式加工后，能成倍提高生产效率、大大减轻劳动强度的一般加工内容。

2. 零件图样的工艺性分析

（1）数控铣削的工艺性分析

1）零件图样的正确标注。由于加工程序是以准确的坐标点来编制的，因此，各图形几何元素间的相互关系（如相切、相交、垂直和平行等）应明确，各个几何元素的条件要充分，应无引起矛盾的多余尺寸或者影响工序安排的封闭尺寸等。尺寸、几何公差、表面粗糙度的标注和技术要求、零件材料等应填写完整，并符合我国的国家标准。

同时，要特别注意，图样上应尽量采用统一的设计基准，从而简化编程，保证零件的精度要求。例如在图 4-12a 中，A、B 两面均已在前面工序中加工完毕，在加工中心上只进行所有孔的加工。以 A、B 两面定位时，由于高度方向没有统一的设计基准，ϕ48H7 孔和上方两个 ϕ25H7 孔与 B 面的尺寸是间接保证的，欲保证 32.5±0.1 和 52.5±0.04 尺寸，须在上道工序中对 105±0.1 尺寸公差进行压缩。若改为图 4-12b 所示标注尺寸，各孔位置尺寸都以 A 面为基准，基准统一，且工艺基准与设计基准重合，各尺寸都容易保证。

2）检查加工范围。根据零件图样和数学模型分析零件的形状、结构及尺寸的特点，检查零件上是否有妨碍刀具运动的部位，是否有产生加工干涉或加工不到的区域，零件的最大加工尺寸是否超过机床的工作范围。

3）保证基准统一的原则。有些工件需要在铣完一面后再重新安装铣削另一面。由于数控铣削时不能使用通用铣床加工时常用的试切法来接刀，往往会因为工件的重新安装而产生接刀误差。零件的加工精度很高时，如尺寸公差要求为 0.005mm，零件因多次定位产生的定位误差累积将导致零件加工报废，这时就必须采用先进的统一基准定位的装夹系

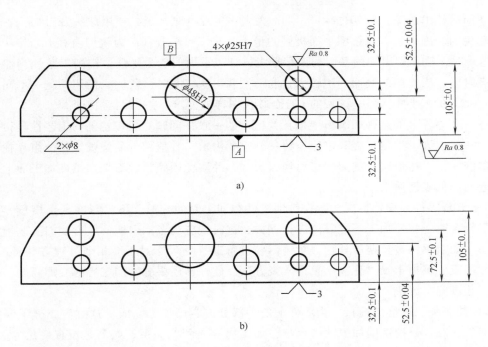

图 4-12 零件加工的基准统一

统才能保证加工要求。一般可以利用零件上现有的一些基准面或基准孔作为基准，也可专门设置工艺基准，并在使用完后再去除。

4）尽量统一零件轮廓内圆弧的有关尺寸。轮廓内圆弧半径 R 常常限制刀具的直径。如图 4-13 所示，如工件的被加工轮廓高度低，转接圆弧半径也大，可以采用较大直径的铣刀来加工，加工其底板面时，进给次数也相应减少，表面加工质量也会好一些，因此工艺性较好；反之，数控铣削工艺性较差。一般来说，当 $R<0.2H$（被加工轮廓面的最大高度）时，可以判定为零件该部位的工艺性不好。

铣削面的槽底面圆角或底板与肋板相交处的圆角半径 r（见图 4-14）越大，铣刀端刃

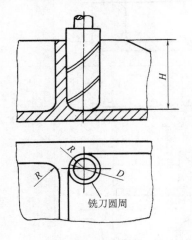

图 4-13 肋板的高度与内转接圆

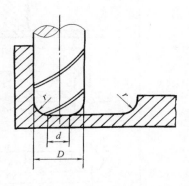

图 4-14 底板与肋板的转接圆

铣削平面的能力越差，效率也越低。当 r 大到一定程度时甚至必须用球头铣刀加工，这是应当避免的。因为铣刀与铣削平面接触的最大直径 $d = D - 2r$（D 为铣刀直径），当 D 越大而 r 越小时，铣刀端刃铣削平面的面积越大，加工平面的能力越强，铣削工艺性当然也越好。有时候，当铣削的底面面积较大，底部圆弧 r 也较大时，我们只能用两把 r 不同的铣刀（一把刀的 r 小些，另一把刀的 r 符合零件图样的要求）进行两次切削。

在一个零件上的这种凹圆弧半径在数值上的一致性问题对数控铣削的工艺性显得相当重要。一般来说，即使不能寻求完全统一，也要力求将数值相近的圆弧半径分组靠拢，达到局部统一，以尽量减少铣刀规格与换刀次数，并避免因频繁换刀增加工件加工面上的接刀阶差而降低表面质量。

5）分析零件的变形情况。数控铣削工件在加工时的变形，不仅影响加工质量，而且当变形较大时，将使加工不能继续进行下去。这时就应当考虑采取一些必要的工艺措施进行预防，如对钢件进行调质处理，对铸铝件进行退火处理。对不能用热处理方法解决的，也可考虑粗、精加工及对称去余量等常规方法。此外，还要分析加工后的变形问题，采取什么工艺措施来解决。

6）注意加工内容的衔接。当零件上的一部分内容已加工完成，这时应充分了解零件的已加工状态，数控铣削加工的内容与已加工内容之间的关系，尤其是位置、尺寸关系。这些内容之间在加工时如何衔接、协调，要采用适当的方式或基准保证加工要求。

总之，加工工艺取决于产品零件的结构形状、尺寸和技术要求。在表 4-1 中给出了铣削加工中改进零件结构提高工艺性的方法。

表 4-1 铣削加工中改进零件结构提高工艺性的方法

提高工艺性方法	结构		结果
	改进前	改进后	
改进内壁形状	$R_2 < (\frac{1}{5} \sim \frac{1}{6} H)$	$R_2 > (\frac{1}{5} \sim \frac{1}{6} H)$	可采用较高刚性刀具
统一圆弧尺寸			减少刀具数和更换刀具次数，减少辅助时间
选择合适的圆弧半径 R 和 r			提高生产效率

（续）

提高工艺性方法	结 构		结 果
	改进前	改进后	
用两面对称结构			减少编程时间，简化编程
合理改进凸台分布			减少加工劳动量
改进结构形状			减少加工劳动量
			减少加工劳动量
改进尺寸比例	$\frac{H}{b}>10$	$\frac{H}{b}\leqslant10$	可用较高刚度刀具加工，提高生产效率
在加工和不加工表面间加入过渡		0.5~1.5 0.5~1.5	减少加工劳动量
改进零件几何形状			斜面肋代替阶梯肋，节约材料

（2）加工中心的加工工艺分析　加工中心的加工工艺是以数控铣削的加工工艺为基础的。同时，还应特别注意以下几点：

1）首先分析零件结构、加工内容等是否适合加工中心加工。加工中心最适合加工形状复杂、工序较多、要求较高、需用多种类型的通用机床、刀具和夹具，经多次装夹和调整才能完成加工的零件。

2）减少、消除定位误差，提高加工精度。通过减少工件的装夹次数，消除因多次装夹带来的定位误差，提高加工精度。当零件各加工部位的位置精度要求较高时，采用加工中心加工能在一次装夹中将各个部位加工出来，避免了工件多次装夹所带来的定位误差，既有利于保证各加工部位的位置精度要求，同时可减少装卸工件的时间，节省大量的专用和通用工艺装备，降低生产成本。

3）多工序集中加工应注意的问题。由于采用自动换刀和自动回转工作台进行多工位加工，要处理好刀具在换刀及加工时与工件、夹具甚至机床相关部位的干涉问题。若在加工中心上连续进行粗加工和精加工，则夹具必须既要能适应粗加工时的切削力大、刚度高、夹紧力大的要求，又必须能适应精加工时定位精度高、零件夹紧变形尽可能小的要求。由于较难在加工中设置支架等辅助装置，应尽量使用刚性好的刀具，并解决刀具的振动和稳定性问题。另外，由于受刀库、机械手的限制，刀具的直径、长度、重量一般都不允许超过机床说明书所规定的范围。

3. 零件毛坯的工艺性分析

进行零件铣削加工时，由于加工过程的自动化，使余量的大小、如何定位装夹等问题在设计毛坯时就要仔细考虑好。否则，如果毛坯不适合数控铣削，加工将很难进行下去。根据经验，下列几方面应作为毛坯工艺性分析的要点：

（1）毛坯应有充分、稳定的加工余量　毛坯主要指锻件、铸件，因模锻时的欠压量与允许的错模量会造成余量的不等，铸造时也会因砂型误差、收缩量及金属液体的流动性差不能充满型腔等造成余量的不等。此外，锻、铸后，毛坯的挠曲与扭曲变形量的不同也会造成加工余量不充分、不稳定。因此，除板料外，不管是锻件、铸件还是型材，只要准备采用数控铣削加工，其加工面均应有较充分的余量。经验表明，数控铣削中最难保证的是加工面与非加工面之间的尺寸，这一点应该引起特别重视。在这种情况下，如果已确定或准备采用数控铣削，就应事先对毛坯的设计进行必要更改或在设计时就加以充分考虑，即在零件图样注明的非加工面处也增加适当的余量。一般板料和型材毛坯留 2~3mm 的余量，铸件、锻件毛坯要留 5~6mm 的余量。如有可能，尽量使各个表面上的余量均匀。

（2）分析毛坯在装夹定位方面的适应性　应考虑毛坯在加工时的装夹定位方面的可靠性与方便性，以便使数控铣床在一次安装中加工出更多的待加工面。主要是考虑要不要另外增加装夹余量或工艺凸台来定位与夹紧，什么地方可以加工

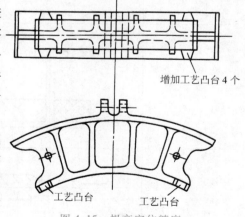

增加工艺凸台4个

工艺凸台　　　工艺凸台

图 4-15　提高定位精度

出工艺孔或要不要另外准备工艺凸耳来特制工艺孔。如图 4-15 所示，该工件缺少定位用的基准孔，用其他方法很难保证工件的定位精度，如果在图示位置增加四个工艺凸台，在凸台上制出定位基准孔，这一问题就能得到圆满解决。对于增加的工艺凸耳或凸台，可以在它们完成作用后通过补加工去掉。

（3）分析毛坯的余量大小及均匀性　　主要考虑在加工时是否要分层切削，分几层切削，也要分析加工中与加工后的变形程度，考虑是否应采取预防性措施与补救措施。如对于热轧的中、厚铝板，经淬火时效后很容易在加工中与加工后变形，最好采用经预拉伸处理后的淬火板坯。

四、零件的加工工艺设计

加工工艺设计的关键是从现有加工条件出发，根据工件结构形状特点合理选择定位基准，确定工件各个加工表面的加工顺序，协调数控铣削工序和其他工序之间的关系，初步设计数控铣削加工工序以及考虑整个加工工艺方案的经济性等。

1. 机床加工能力

一般主轴功率在 5~7kW，最大切削进给速度为 5~10m/min 时，机床加工能力一般。若零件的加工余量较大而且不均匀时，数控铣削的效率就比较低。为充分发挥数控加工的优势，可以与通用机床配合使用，由通用机床进行粗加工或半精加工。数控铣床主要进行精加工，在其间穿插安排热处理及其他工序，这样能够得到较好的加工效果，加工成本也较低。这时要注意采用必要的措施，以保证数控铣削加工工序中的加工表面与普通加工工序中的加工表面之间的位置尺寸关系，一般可以采用同一基准进行协调。即使这样，由于多次安装，仍然会有较大的累积定位误差，所以必须确定这种方式是否满足零件的位置精度要求。

当机床能够进行高速加工、超硬加工，且数控系统功能丰富，可进行四或五坐标联动时，加工能力很强，铣削能够达到很高的效率。这时，为减少装夹次数，可采用数控加工方式使粗加工、半精加工和精加工在一次装夹中完成，并采用合理选择切削参数、进行完全且充分冷却等方法，来解决粗加工中产生的受力、受热变形等问题。当采用高速加工技术及超硬加工的刀具时，精加工可以安排在最后工序进行，且精加工后不需要后续工序。

2. 切削性能

充分分析零件材料的种类、牌号及热处理要求，了解零件材料的切削加工性能，合理地选择刀具材料和切削参数。同时要考虑热处理对零件的影响，如热处理变形，并在工艺路线中安排相应的工序消除这种影响。而零件的最终热处理状态也将影响工序的前后顺序。

3. 孔系加工顺序

对位置精度要求较高的孔系加工，要特别注意安排孔的加工顺序，安排不当，就有可能将传动副的反向间隙带入，直接影响位置精度。例如，安排图 4-16a 所示零件的孔系加工顺序时，若按图 4-16b 所示的路线加工，由于 5、6 孔与 1、2、3、4 孔在 Y 向的定位方向相反，Y 向反向间隙会使误差增加，从而影响 5、6 孔与其他孔的位置精度。按图 4-16c

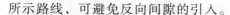

所示路线，可避免反向间隙的引入。

4. 加工方案

针对数控铣床和加工中心的主要加工表面，一般可以采用表4-2所列的加工方案。

加工中心在箱体零件的加工中，可参考以下加工方案：铣平面→粗镗孔→半精镗孔→钻中心孔→钻孔→铰孔→攻螺纹→精镗孔→精铣面等。

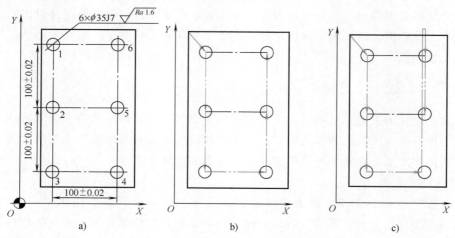

图 4-16 镗孔加工路线

a) 零件图样 b) 加工路线1 c) 加工路线2

表 4-2 加工方案

序号	加工表面	加工方案	所使用的刀具
1	平面内外轮廓	粗铣→内外轮廓方向分层半精铣→轮廓高度方向分层半精铣→内外轮廓精铣	整体高速钢或硬质合金立铣刀机夹可转位硬质合金立铣刀
2	空间曲面	粗铣→曲面Z方向分层粗铣→曲面半精铣→曲面精铣	整体高速钢或硬质合金立铣刀球头铣刀机夹可转位硬质合金立铣刀、球头铣刀
3	孔	定尺寸刀具加工	麻花钻、扩孔钻、铰刀、镗刀
		铣削	整体高速钢或硬质合金立铣刀机夹可转位硬质合金立铣刀
4	外螺纹	螺纹铣刀铣削	螺纹铣刀
5	内螺纹	攻螺纹	丝锥
		螺纹铣刀铣削	螺纹铣刀

5. 加工工序设计

加工工序设计是在制订了工艺路线的基础上，兼顾程序编制的要求，安排各个工序的具体内容和工步顺序。

（1）数控铣削的加工工序 根据加工部位的性质、刀具使用情况以及现有的加工条件，可将加工内容安排在一个或几个工序中。一般情况下，为了减少工件加工中的周转时间，提高数控铣床的利用率，保证加工精度要求，在数控铣削工序划分的时候，工序应尽量集中。当数控铣床的数量比较多，同时有相应的设备、技术措施保证零件的定位精度，为了更合理地均匀机床负荷、协调生产组织，也可以将加工内容适当分散。

1）当加工中使用的刀具较多时，为了减少换刀次数，缩短辅助时间，可以将一把刀具所加工的内容安排在一个工序（或工步）中。

2）按照零件加工表面的性质和要求，将粗加工、精加工分为依次进行的不同工序（或工步）。先进行所有表面的粗加工，然后再进行所有表面的精加工。

3）按照从简单到复杂的原则，先加工平面、沟槽、孔，再加工外形、内腔，最后加工曲面；先加工精度要求低的表面，再加工精度要求高的部位。

4）对于既要铣面又要镗孔的零件，可以先铣面后镗孔。铣削时，切削力较大，工件易发生变形。先铣面后镗孔，使其有一段时间的恢复，可减少变形对孔的精度的影响。反之，如果先镗孔后铣面，则铣削时，必然在孔口产生飞边、毛刺，从而破坏孔的精度。因而，这种划分工步的方法可以提高孔的加工精度。

5）应尽量按就近位置加工，以缩短刀具移动距离，减少空运行时间。

6）在一次定位装夹中，尽可能完成所有能够加工的表面。

7）确定进给路线。在数控加工中，刀具相对于零件运动的每一细节都应在编程时确定。这时，除考虑零件轮廓、对刀点、换刀点及装夹方便外，在采用圆柱铣刀的圆周刀齿进行周铣法铣削轮廓表面时，由于主轴系统和刀具的刚度变化，当沿法向切入工件时，会在切入处产生刀痕，所以应避免，而应像图 4-17 所示那样，由零件轮廓曲线的延长线上切入零件的轮廓，以避免在加工表面产生痕迹。在切出时，也是如此。而且在刀具切入、切出时，均应考虑有一定的外延，以保证零件轮廓光滑过渡。

在铣削内表面轮廓形状时，切入、切出无法外延，这时铣刀只有沿法线方向切入和切出。在这种情况下，切入、切出点应选在零件轮廓两几何要素的交点上，而且进给过程中要避免停顿。为了消除由于系统刚度变化引起进退刀时的痕迹，可采用多次走刀的方法，减小最后精铣时的余量，以减小切削力。

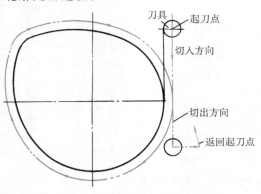

图 4-17 切入、切出的路线

（2）加工中心的加工工序 在遵循以上数控铣削工序设计原则的基础上，还应注意以下几点：

1）加工尺寸精度要求较高时，考虑零件尺寸、精度、刚性和变形等因素，应采取同一加工表面按粗加工、半精加工、精加工次序完成的方法；加工的位置精度要求较高时，可采取全部加工表面按先粗加工，然后半精加工、精加工分开进行的方法。

2）按所用刀具划分工步时，当加工中心工作台回转时间比换刀时间短，在不影响精度的前提下，为了减少换刀次数，减少空行程，减少不必要的定位误差，可以采取刀具集中工序，即用同一把刀将零件上相同的部位都加工完，再换第二把刀继续加工；对于同轴度要求很高的孔系，应该在一次定位后，通过顺序连续换刀，加工完成该同轴孔系的全部孔后，再加工其他坐标位置孔，即用刀具分散工序，以避免重复定位误差，提高孔系同轴度。

在实际生产中，应根据具体情况，综合运用以上原则，从而制订出较完善、较合理的切削加工工艺。

第二节 编程的基本方法

一、FANUC 0i-MB 系统简述

许多数控铣床和加工中心所配置的都是 FANUC 0i-MB 数控系统。该系统的主要特点是：轴控制功能强，基本可控制 X、Y、Z 三轴，扩展后同时可控制轴数为四轴；可靠性高，编程容易，适用于高精度、高效率加工；操作、维护方便。

FANUC 0i-MB 系统编程技术参数如下：

（1）文字码 本系统所用文字码及其含义见表4-3。

表4-3 文字码及其含义

功 能	文 字 码	含 义
程序号	O；ISO/；EIA	表示程序代号
程序段号	N	表示程序段代号
准备机能	G	确定移动方式等准备功能
坐标字	X Y Z A B C	坐标轴移动指令
	R	圆弧半径
	I J K	圆弧圆心坐标
进给功能	F	表示进给速度
主轴速度功能	S	表示主轴转速
刀具功能	T	表示刀具号
辅助功能	M	机床开/关控制等辅助功能
偏移号	H	表示偏移代号
暂停	P X	表示暂停时间
子程序号及子程度调用次数	P	子程序号的标定及子程序重复调用次数设定
参数	P Q R	固定循环参数
宏程序	A B	变量代号

（2）取值范围 本系统指令取值范围见表4-4。

表4-4 指令取值范围

功 能	地 址	数据（米制）
程序号	O；ISO/；EIA	1~9999
程序段号	N	1~99999
准备机能	G	0~99
坐标字	X Y Z I J K	±99999.999mm

（续）

功　　能	地　　址	数据（米制）
每分钟进给	F	1～240000mm/min
主轴速度	S	0～20000r/min
刀具功能	T	0～99
辅助功能	M	0～99
暂停功能	X　P	0～99999.999s
子程序号及调用次数	P	1～9999 1～9999
偏移号	H	1～400
第二辅助功能	B	0～99999
刀具补偿量		±999.999mm
间隙补偿量		±0.255mm

注：本系统参数设置为：角度尺寸用带小数点的方式输入，即"360°"输入时写为"360."；其他数字按日常书写习惯，如 $X=100$mm，输入时写为 X100。这种方式利于防止操作中的眼误。

（3）控制轴数　基本可控制轴数：3 轴；扩展后可控制轴数：4 轴；基本同时控制轴数：2 轴；扩展后同时控制轴数：4 轴。

（4）增量系统参数（见表 4-5）。

表 4-5　增量系统参数

增量制最小输入	增量制最小指令值	最　大　行　程
0.001mm	0.001mm	99999.999mm
0.0001in	0.0001in	9999.9999in
0.001°	0.001°	99999.999°

（5）准备功能代码　本系统常用 G 代码见表 4-6。

表 4-6　常用 G 代码及功能

G 代 码	组　别	功　　能
G00		快速点定位
G01	01	直线插补（进给速度）
G02		圆弧/螺旋线插补（顺时针圆弧插补）
G03		圆弧/螺旋线插补（逆时针圆弧插补）
G04	00	暂停
G17		选择 XY 平面
G18	02	选择 ZX 平面
G19		选择 YZ 平面
G20	06	用英制尺寸输入
G21		用米制尺寸输入
G28	00	返回参考点
G30		返回第二参考点

（续）

G 代 码	组 别	功 能
G31		跳步功能
G40		刀具半径补偿撤销
G41	07	刀具半径左偏补偿
G42		刀具半径右偏补偿
G43		刀具长度正补偿
G44	08	刀具长度负补偿
G49		刀具长度补偿撤销
G50	11	比例功能撤销
G51		比例功能
G53	00	选择机床坐标系
G54		选择第一工件坐标系
G55		选择第二工件坐标系
G56	14	选择第三工件坐标系
G57		选择第四工件坐标系
G58		选择第五工件坐标系
G59		选择第六工件坐标系
G65		宏程序及宏程序调用指令
G66	12	宏程序模式调用指令
G67		宏程序模式调用取消
G68	16	坐标旋转指令
G69		坐标旋转撤销
G73		深孔钻削循环
G74		攻螺纹循环
G80		撤销固定循环
G81	09	定点钻孔循环
G85		镗孔循环
G86		镗孔循环
G90	03	绝对方式编程
G91		增量方式编程
G92	00	设定工件坐标系
G98	04	在固定循环中，Z轴返回到起始点
G99		在固定循环中，Z轴返回 R 平面

注：1. G 代码分为两类，一类 G 代码仅在被指定的程序段中有效，称为一般 G 代码，如 G04 等；另一类称为模式代码，一经指定，一直有效，直到被新的模式 G 代码取代，如 G00、G01 等。

2. 同一组的 G 代码，在一个程序段中，只能有一个被指定，如果同组的几个 G 代码同时出现在一个程序段中，那么最后输入的那个 G 代码有效。

3. 在固定循环中，如遇有 01 组的 G 代码时，固定循环将被自动撤销，相反 01 组的 G 代码却不受固定循环影响。

（6）辅助功能代码　该系统辅助功能 M 代码及功能见表 4-7。

表 4-7　常用 M 代码及功能

M　代　码	功　　能	指令执行类别
M00	程序停	后指令代码
M01	选择停	
M02	程序结束	
M03	程序结束返回	
M03	主轴顺时针转动	前指令代码
M04	主轴逆时针转动	
M05	主轴停	后指令代码
M07	切削液开	前指令代码
M08	切削液关	后指令代码
M13	主轴顺时针转动、切削液开	前指令代码
M14	主轴逆时针转动、切削液关	
M17	主轴停、切削液开	后指令代码
M98	调用子程序	后指令代码
M99	子程序结束	后指令代码

注：前指令代码是指该代码在本程序段中被首先执行，后指令代码则相反。

二、基本编程指令的应用

FANUC 0i-MB 系统的编程指令是比较丰富的，这里主要介绍在加工中使用较多的一些基本指令。

1. 坐标系设定指令

坐标系的设定是编程计算的第一步，应根据不同的加工要求和编程的方便性进行恰当的选择。

（1）G92——设定加工坐标系　该指令将加工坐标系原点设定在相对于起刀点的某一空间点上。这一指令通常出现在程序的第一段，设定加工坐标系，也可用于在程序中重新设定加工坐标系。指令格式为：

G92　X~　Y~　Z~

G92 指令执行后，所有坐标字指定的坐标都是该加工坐标系中的位置。

例如，加工开始前，将刀具置于一个合适的开始点，执行程序的第一段为：

G92　X20　Y10　Z10（该系统可省略小数点）则建立了图 4-18 所示的加工坐标系。

（2）G53——选择机床坐标　该指令使刀具快速定位到机床坐标系中的指定位置上。在 XK5032 型数控铣床上，机床坐标原点的位置是确定的，如第一章中的图 1-18 所示。G53 指令指定坐标字的坐标值为机床坐标系中的位置。指令格式为：

G53　G90　X~　Y~　Z~

其中　X、Y、Z——机床坐标系中的坐标值，其后尺寸字均为负值。

例如：加工程序中出现下述程序段：

G53　G90　X-100　Y-100　Z-20

则执行后刀具在机床坐标系中的位置如图 4-19 所示。

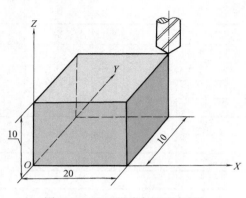

图 4-18　G92 设定加工坐标系

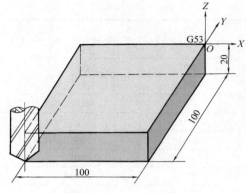

图 4-19　G53 机床坐标系

（3）G54、G55、G56、G57、G58、G59——选择工件加工坐标系　这些指令可以分别用来选择相应的工件加工坐标系。指令格式为：

G54　G90　G00/G01　X~　Y~　Z~　　（F）

该指令执行后，所有坐标字指定的尺寸坐标都是选定的工件加工坐标系中的位置。这六个工件加工坐标系是通过 CRT/MDI 方式设定的。

例如，在图 4-20 中，用 CRT/MDI 在设置参数方式下设定了两个工件加工坐标系：

G54：X−50　Y−50　Z−10

G55：X−100　Y−100　Z−20

这时，建立了原点在 O' 的 G54 工件加工坐标系和原点在 O'' 的 G55 工件加工坐标系，即执行了下述程序段：

N10	G53	G90	X0	Y0	Z0	
N20	G54	G90	G01	X50	Y0	Z0	F100
N30	G55	G90	G01	X100	Y0	Z0	F100

刀尖点的运动轨迹如图 4-20 中 OAB 所示。

G92 指令与 G54 ~ G59 指令都是用于设定工件加工坐标系的，但它们在使用中是有区别的。G92 指令是通过程序来设定工件加工坐标系的。G92 所设定的加工坐标原点与当前刀具所在位置有关，这一加工原点在机床坐标系中的位置是随当前刀具位置的不同而改变的。G54 ~ G59 指令是通过 CRT/MDI 在设置参数方式下设定工件加工坐标系的，一经设定，加工坐标原点在

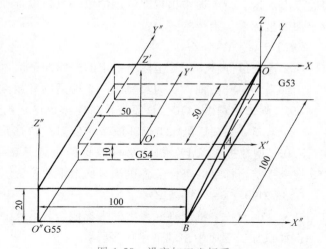

图 4-20　设定加工坐标系

机床坐标系中的位置是不变的，它与刀具的当前位置无关，除非再通过 CRT/MDI 方式更改。G92 指令程序段只是设定加工坐标系，而不产生任何动作；G54～G59 指令程序段则可以和 G00、G01 指令组合在选定的加工坐标系中进行位移。

另外，在 G54 方式时，通过 G92 指令编程后，也可建立一个新的工件加工坐标系。如图 4-21 所示，在 G54 方式时，当刀具定位于 XOY 坐标平面中的（200，160）点时，执行程序段：

G92　X100　Y100

就由矢量 A 偏移产生了一个新的工件坐标系 $X'O'Y'$ 坐标平面。

（4）加工坐标系的测量　如图 4-22 所示，要将编程原点 O_1 设置在图示所在的点上，就必须正确地测定该点在机床坐标系的坐标值。

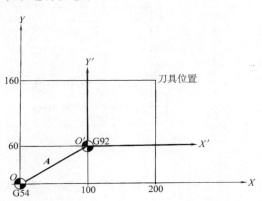

图 4-21　重新设定 $X'O'Y'$ 坐标平面

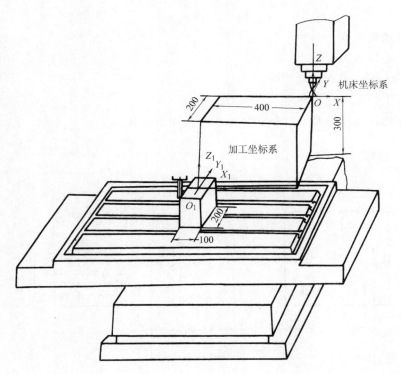

图 4-22　加工坐标系的建立

1）直接测量。图 4-23 所示为一弯板式夹具的装夹示意图。编程原点设在各方向定位面上，下面以该图为例，说明零件加工坐标系的测量方法。

① X、Y 坐标值的测量。图 4-24 所示为零件加工坐标系 X、Y 坐标测量过程：找正夹

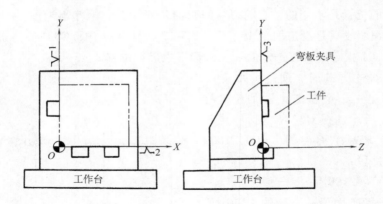

图 4-23   弯板式夹具零件装夹示意图

具后，在主轴中置一标准检验心轴，使机床 X 轴、Y 轴回零，然后分别移动 X 轴、Y 轴，使夹具定位面与心轴接近，再用量块准确测出心轴与定位支承面之间的距离 H，则加工坐标系原点坐标为

$$X_W = -|X_M + H + D/2|$$
$$Y_W = -|Y_M + H + D/2|$$

式中 H——量块尺寸；

  D——心轴直径；

 X_M——工作台 X 向移动距离；

 Y_M——工作台 Y 向移动距离。

X_M、Y_M 均在机床屏幕上"机床坐标系"页面中显示。

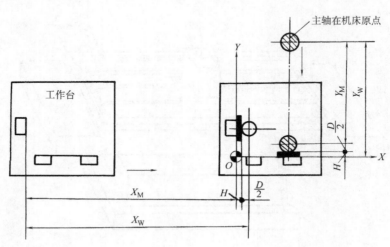

图 4-24   加工坐标系的测量（一）

图 4-25 所示为另一种测量方式。加工坐标系原点的坐标值为

$$X_W = -|X_M - D/2 - H|$$
$$Y_W = -|Y_M - D/2 - H|$$

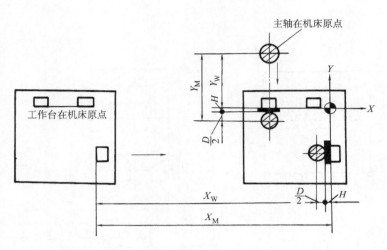

图 4-25 加工坐标系的测量（二）

② Z 坐标值的测量。其测量方法与 X、Y 坐标值的测量相同（见图 4-26），即

$$Z_W = -|Z_W + T + H|$$

式中　T——心轴长度。

2）以工作台回转中心坐标计算 X 坐标值。图 4-27 所示为分别在 0°工位和 180°工位加工一同轴孔。设工作台中心与主轴中心重合时的 X 坐标为 X_C，对于确定的加工中心，X_C 是一常数，它可以很

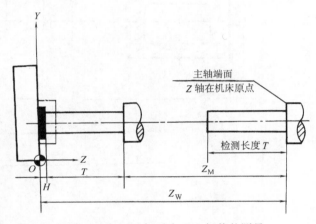

图 4-26 加工坐标系中 Z 坐标值的测量

准确地测量出来。设以直接测量方法测得 G54 的 X 坐标为 X_{G54}。在图中，B 轴 0°时加工坐标系 G54 零点设在孔中心线上（A 点）；B 轴 180°时，加工坐标系 G56 零点在 E 点，则工作台旋转 180°时，G56 的 X 零点为 E'，即

$$\begin{cases} X_{G56} = X_C + \Delta X \\ \Delta X = X_C - X_{G54} \end{cases}$$

$$\begin{aligned} X_{G56} &= X_C + (X_C - X_{G54}) \\ &= 2X_C - X_{G54} \end{aligned}$$

$$X_{G54} = 2X_C - X_{G56}$$

用这种方法不但简便，而且能够提高孔的同轴度精度。

2. G00——快速运动指令

G00 是运动速度、运动轨迹均由系统已定的快速点定位运动。指令格式为：

G00　X~　Y~　Z~

当采用绝对尺寸编程时，式中 X、Y、Z 输入加工坐标系中定位点的坐标值。当采用增量尺寸编程时，式中 X、Y、Z 输入当前点到定位点的增量距离。

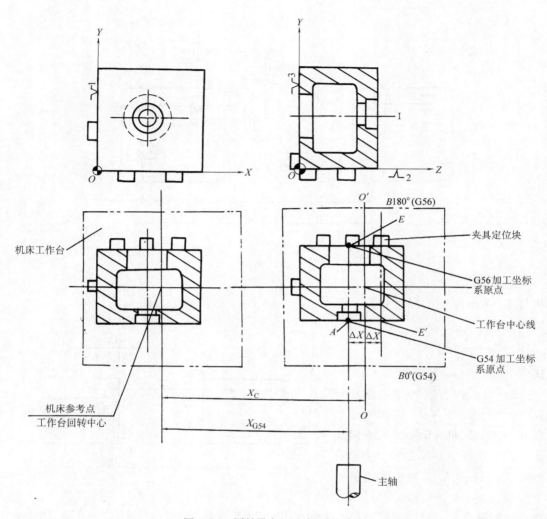

图 4-27　同轴孔加工坐标系的确定

G00 的运动速度可以由系统参数调整，本系统最大速度为 15m/min，它的运动轨迹在一个坐标平面内是先按比例沿 45°的斜线移动，再移动剩下的一个坐标方向上的直线距离。如果是要求移动一个空间距离，则先同时移动三个坐标，即空间位置的移动一般是先走一条空间的直线，再走一条平面斜线，最后沿剩下的一个坐标方向移动达到终点。

3. G01——直线插补指令

G01 指令是按指定进给速度的直线运动。指令格式为：

G01　X~　Y~　Z~　F~

当采用绝对尺寸编程时，式中 X、Y、Z 为加工坐标系中直线的终点坐标值；当采用增量尺寸编程时，式中 X、Y、Z 为当前点到直线终点的增量距离。F 为进给速度，单位为 mm/min。

4. G02、G03——圆弧插补指令

G02、G03 是按指定进给速度的圆弧运动。指令格式为：

在 XY 平面内 G17　G02/G03　X~　Y~ $\begin{cases} I{\sim}\quad J{\sim}\quad F{\sim} \\ R{\sim} \end{cases}$

在 ZX 平面内 G18　G02/G03　X~　Z~ $\begin{cases} I{\sim}\quad K{\sim}\quad F{\sim} \\ R{\sim} \end{cases}$

在 YZ 平面内 G19　G02/G03　Y~　Z~ $\begin{cases} J{\sim}\quad K{\sim}\quad F{\sim} \\ R{\sim} \end{cases}$

当采用绝对尺寸编程时，式中 X、Y、Z 为加工坐标系中圆弧的终点坐标；当采用增量尺寸编程时，式中 X、Y、Z 为圆弧起点到终点的增量距离。

I、J、K 为圆弧起点到圆心点的增量距离，如图 4-28 所示。

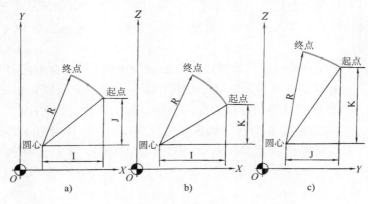

图 4-28　圆弧的坐标

R 为圆弧半径。当圆弧所夹的圆心角 $\alpha \leqslant 180°$ 时，R 值为正；当圆弧所夹的圆心角 $\alpha >$ 180° 时，R 值为负。

当采用圆弧插补指令编程时，要注意的是：

1）假如漏编 R，将被视为直线移动。

2）程序中给出的 F 值与实际速度的误差为 ±2%，这一速度是指沿运动轨迹切向方向的速度。

5. G04——暂停指令

G04 指令编入程序后，在 G04 指令后的一个程序段将按指定时间被延时执行。指令格式为：

G04　X~/P~

其中　X、P——暂停时间，范围为 0.001~9999.999s。字母 X 后可用小数点编程；而字母 P 则不允许用小数点编程，其后数字 1000 表示 1s。

例如，暂停时间为 2.5s 的程序为：

G04　X2.5　　或　　G04　P2500

6. G40、G41、G42——刀具半径补偿功能

使用 G40、G41 和 G42 刀具半径补偿指令，并将刀具半径的数值用 CRT/MDI 的方式设定后，数控系统将按这一数值自动地计算出刀具中心的轨迹，并按刀具中心轨迹运动。

G41——刀具半径左偏补偿指令；

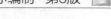

G42——刀具半径右偏补偿指令；

G40——刀具半径补偿撤销指令。

指令格式为：

G41/G42　　G01　　X～　　Y～　　H～

…

G40　　G01　　X～　　Y～

其中　H——偏移代号，取值范围为H00～H99。H00的偏移量始终为0，H01～H99根据
　　　　需要使用。其中存放刀具半径值。

使用刀具半径补偿指令需注意的是：

1）存放刀具半径值的地址由H偏置代号指定，用CRT/MDI方式手动输入。

2）从无刀具补偿状态进入刀具半径补偿方式时，移动指令只能是G01或G00，不能
使用G02和G03。

3）在撤销刀具半径补偿时，移动指令也只能是G01或G00，而不能用G02或G03。

4）若H代码中存放的偏移量为负值，那么G41与G42指令可以互相取代。

下面举一例子来说明刀具半径补偿指令的应用。加工零件如图4-29所示。选择零件
编程原点在O点，刀具直径为ϕ12mm，铣削深度为5mm，主轴转速为2000r/min，进给速
度为80mm/min，刀具偏移代号为D01＝6，程序名为O0600，基点坐标值为：A（6.828，
36.828）、B（77.8357，32.442）、C（75，26.772）、D（45.013，20.625）、E（36.021，
30）、F（9.657，30）。程序如下：

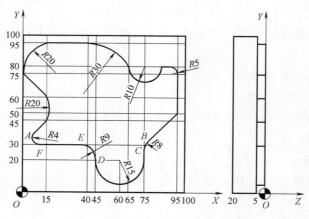

图4-29　刀具半径补偿指令应用

O0600
G54　G90　G00　X0　Y0　Z100
M03　S2000
G90　X-20　Y20
Z2
G01　Z-5　F500
G41　G01　X6.828　Y36.828　D01　F80

```
X15    Y45
G03    X15    Y60    R20
G01    X0    Y75
G02    X15    Y95    R20
G01    X40
G02    X65    Y80    R30
G03    X85    Y80    R10
G01    X90
G02    X95    Y75    R5
G01    Y50
G01    X77.357    Y32.442
G03    X75    Y26.772    R8
G02    X45.013    Y20.625    R15
G03    X36.021    Y30    R9
G01    X9.657    Y30
G02    X6.828    Y36.828    R4
G01    G40    X7    Y50
G00    Z100
M30
```

7. G43、G44、G49——刀具长度补偿指令

G43、G44 和 G49 指令能够进行 Z 轴的刀具长度补偿（刀具长度偏置）。偏置号的选择用 H 代码指定，这个偏置号与刀具半径补偿号一样。

G43 是正方向偏置指令，G44 是负方向偏置指令，取消偏置用 G49。指令格式为：

G43/G44　G01　Z～　H～

……

G49　G01　Z～

无论是采用绝对方式编程还是增量方式编程，对于存放在 H 中的数值，在 G43 时是加到 Z 轴坐标值中，在 G44 时是从原 Z 轴坐标值中减去，从而形成新的 Z 轴坐标值。

例如，当运行下列程序时，刀具的长度补偿如图 4-30 所示。

```
N10    G92    X0    Y0    Z30
N20    G90    G01    Z15    F100
N25    G01    X30
N30    G43    G01    Z15    H01
N35    G01    X60
N40    G43    G01    Z15    H02
N50    G49    G01    Z30
N60    M30
```

设置，H01＝5，H02＝-5。

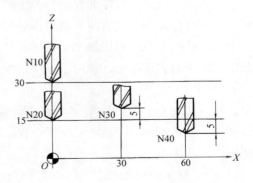

图 4-30　刀具长度补偿

刀具长度补偿值的设定方法有三种。

方法一：如图 4-31 所示，事先通过机外对刀法测量出刀具长度（图中 H01 和 H02），作为刀具长度补偿值（该值应为正），输入到对应的刀具补偿参数中。此时工件坐标系（G54）中 Z 值的偏置值应设定为工件原点相对机床原点 Z 向坐标值（该值为负）。

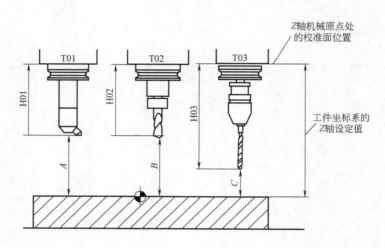

图 4-31 刀具长度补偿值的设定

方法二：将工件坐标系（G54）中 Z 值的偏置值设定为零，即 Z 向的工件原点与机床原点重合，通过机内对刀测量出刀具 Z 轴返回机床原点时刀位点相对工件基准面的距离（图中 H01、H02，均为负值）作为每把刀具的长度补偿值。

方法三：将其中一把刀具作为基准刀，其长度补偿值为零，其他刀具的长度补偿值为与基准刀的长度差值（可通过机外对刀测量）。此时应先通过机内对刀法测量出基准刀在 Z 轴返回机床原点时刀位点相对工件基准面的距离，并输入到工件坐标系（G54）中 Z 值的偏置参数中。

8. 子程序调用

编程时，为了简化程序的编制，当一个工件上有相同的加工内容时，常用调子程序的方法进行编程。调用子程序的程序称为主程序。在本系统中，一个子程序可以调用另一个子程序，嵌套深度为 4 级，一个调用指令可以重复调用一个子程序达 999 次。

子程序的编写与一般程序基本相同，只是程序结束符为 M99，表示子程序结束并返回到调用子程序的主程序中。调用子程序的编程格式为

M98　P~

其中，调用地址 P 后跟 7 位数字，前三位为调用次数，后四位为子程序号。例如，M98 P0051002，表示调用 1002 号子程序 5 次。调用次数为 1 时，可省略调用次数。下面是 M99 的几种用法：

1）当子程序的最后程序段只用 M99 时，子程序结束，返回到调用程序段后面的一个程序段，如

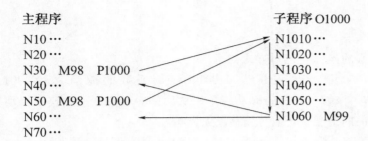

主程序 子程序O1000

N10…
N20…
N30 M98 P1000
N40…
N50 M98 P1000
N60…
N70…

N1010…
N1020…
N1030…
N1040…
N1050…
N1060 M99

2）一个程序段号在 M99 后由 P 指定时，系统执行完子程序后，将返回到由 P 指定的那个程序段号上，如：

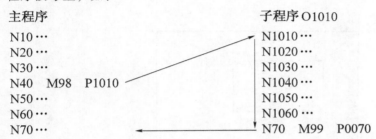

主程序 子程序O1010

N10…
N20…
N30…
N40 M98 P1010
N50…
N60…
N70…

N1010…
N1020…
N1030…
N1040…
N1050…
N1060…
N70 M99 P0070

3）子程序也可被视为主程序执行，当直接运行到 M99 时，系统将返回到主程序起点。

4）若在主程序中插入"/M99 Pn"，那么在执行该程序时，不是返回主程序的起点，而是返回到由 P 指定的第"n"号程序段。跳步功能是否执行，还取决于跳步选择开关的状态。如：

N10…
N20…
N30…
N40…
N50…
N60…
/N70 M99 P0030
N80…
N90 M02

当关闭跳步开关时，程序执行到 N70 时将返回到 N30 段。

当零件加工工序内容较多时，为便于程序的调试，尽量把不同工序内容的程序分别安排到不同的子程序中，主程序主要完成坐标系设定、换刀及子程序的调用。这种安排便于对每一工步独立地调试程序，也便于加工顺序的调整。

9. G50、G51——图形比例及镜像功能指令

这一对 G 代码的使用，可使原编程尺寸按指定比例缩小或放大；也可使图形按指定规律产生镜像变换。

G51 为比例编程指令；G50 为撤销比例编程指令。G50、G51 均为模式 G 代码。

（1）各轴按相同比例编程 指令格式为：

G51 X~ Y~ Z~ P~

...

G50

其中　X、Y、Z——比例中心的坐标（绝对方式）；

　　　　P——比例系数，最小输入量为 0.001，比例系数的范围为：0.001 ～ 999.999。该指令以后的移动指令，从比例中心点开始，实际移动量为原数值的 P 倍。P 值对偏移量无影响。

例如，在图 4-32 中，$P_1 \sim P_4$ 为原加工图形，$P'_1 \sim P'_4$ 为比例编程的图形，P_0 为比例中心。

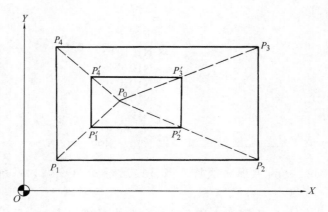

图 4-32　各轴按相同比例编程

（2）各轴以不同比例编程　各个轴可以按不同比例来缩小或放大，当给定的比例系数为 ±1 时，可获得镜像加工功能。指令格式为：

G51　X~　Y~　Z~　I~　J~　K~

...

G50

其中　X、Y、Z——比例中心坐标；

　　　　I、J、K——对应 X、Y、Z 轴的比例系数，在 ±0.001 ～ ±9.999 范围内。本系统设定 I、J、K 不能带小数点，比例为 1 时，应输入 1000，并在程序中都应输入，不能省略。比例系数与图形的关系如图 4-33 所示。其中，b/a 为 X 轴系数，d/c 为 Y 轴系数，O_1 为比例中心。

（3）镜像功能　再举一例子来说明镜像功能的应用。如图 4-34 所示，其中比例系数取为 +1000 或 −1000。设刀具起始点在 O 点，程序如下：

子程序：O9000			
N10　G00	X60	Y60	
N20　G01	X100	Y60	F100
N30	X100	Y100	
N40	X60	Y60	
N50　M99			

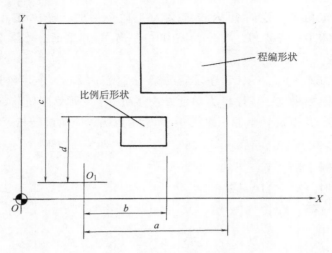

图 4-33 各轴按不同比例编程

主程序：O100

N10　G92　X0　Y0

N20　G90

N30　M98　P9000

N40　G51　X50　Y50　I−1000
　　　J1000

N50　M98　P9000

N60　G51　X50　Y50　I−1000
　　　J−1000

N70　M98　P9000

N80　G51　X50　Y50　I1000
　　　J−1000

N90　M98　P9000

N100　G50

N110　M30

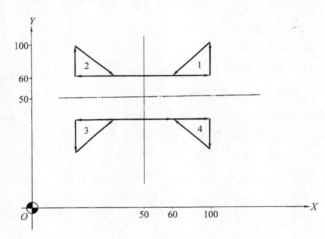

图 4-34 镜像功能

10. G68、G69——坐标系旋转指令

该指令可使编程图形按指定旋
转中心及旋转方向旋转一定的角度。

G68 表示开始坐标旋转，G69 用于撤销旋转功能。指令格式为：

G68　X~　Y~　R~

…

G69

其中　X、Y——旋转中心的坐标值（可以是 X、Y、Z 中的任意两个，由当前平面选择指
　　　　令确定）。当 X、Y 省略时，G68 指令认为当前的位置即为旋转中心；

R——旋转角度，逆时针旋转定义为正向，一般为绝对值。旋转角度范围：-360.0~+360.0，单位为 0.001°。当 R 省略时，按系统参数确定旋转角度。

当程序在绝对方式下时，G68 程序段后的第一个程序段必须使用绝对方式移动指令，才能确定旋转中心。如果这一程序段为增量方式移动指令，那么系统将以当前位置为旋转中心，按 G68 给定的角度旋转坐标。以图 4-35 所示为例，应用旋转指令的程序为：

```
N10   G92   X-5   Y-5
N20   G68   G90   X7   Y3   R60
N30   G90   G01   X0   Y0   F200
      (G91   X5   Y5)
N40   G91   X10
N50   G02   Y10   R10
N60   G03   X-10   I-5   J-5
N70   G01   Y-10
N80   G69   G90   X-5   Y-5
      M02
```

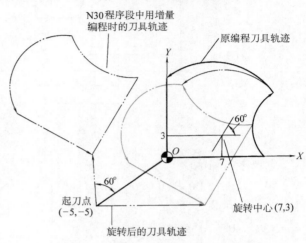

图 4-35　坐标系的旋转

（1）坐标系旋转功能与刀具半径补偿功能的关系　旋转平面一定要包含在刀具半径补偿平面内。以图 4-36 所示为例，程序如下：

```
N10   G92   X0   Y0
N20   G68   R-30
N30   G42   G90   G00   X10
      Y10   F100   H01
N40   G91   X20
N50   G03   Y10   I-10   J5
N60   G01   X-20
N70   Y-10
N80   G40   G90   X0   Y0
N90   G69   M30
```

当选用半径为 R5 的立铣刀时，设置刀具半径补偿偏置号 H01 的数值为 5。

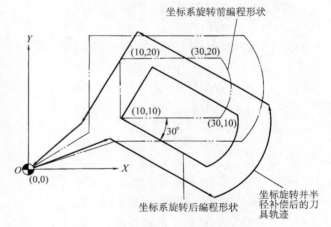

图 4-36　坐标旋转与刀具半径补偿

（2）与比例编程方式的关系　在比例模式时，再执行坐标旋转指令，旋转中心坐标也执行比例操作，但旋转角度不受影响，这时各指令的排列顺序如下：

G51…

G68…

G41/G42…

G40…

G69…

G50…

11. G52——局部坐标系指令

当在编程坐标系中编写程序时，为方便编程可以设定编程坐标系的子坐标系，子坐标系称为局部坐标系。子程序经常用于在工件上的不同位置处加工相同的内容，这就需要为子程序单独指定一个坐标系，以保证程序运行的正确性。局部坐标系功能给子程序设计带来了很大的便利。

G52 IP～——设定局部坐标系指令。

G52 IP0——取消局部坐标系指令。

指令中，IP 后为局部坐标系的原点设定在工件坐标系中的坐标。

指令说明：

1）用指令 G52 可以在工件坐标系 G54～G59 中设定局部坐标系，如图 4-37 所示。局部坐标的原点设定在工件坐标系中以 IP 指定的位置。

2）当局部坐标系设定时，后面以绝对值方式 G90 指令的坐标值是局部坐标系中的坐标值。

3）用 G52 指定新的原点可以改变局部坐标系的位置。

4）为了取消局部坐标系，并在编程坐标系中指定坐标值，应使局部坐标系的原点与编程坐标系的原点一致。

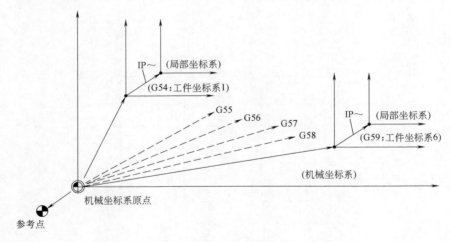

图 4-37 设定局部坐标系

注意：

1）当一个轴通过手动返回参考点功能返回参考点时，该轴的局部坐标系原点与工件坐标系原点一致。与下面指令的结果是一样的：

G52 α0；

其中 α——返回到参考点的轴。

2）即使设定局部坐标系，工件坐标系和机床坐标系也不会改变。

3）复位时是否清除局部坐标系，根据参数而定。当参数 CLR（No. 3402#6）或参数 RLC（No. 1202#3）其中的一个设置为 1 时，局部坐标系被取消。

4）以 G92 的指令设定工件坐标系时，如果未指定所有轴的坐标系，未指定坐标值的轴的局部坐标系并不取消而保持不变。

5）刀具半径补偿，通过 G52 指令被暂时取消偏置。

6）在 G52 程序段以后，以绝对值方式立即指定运动指令。

例　在图 4-38 所示的 8 个位置上各钻 4 个孔。程序如下：

O2001 主程序

N10　G54　G90　G00　X25.　Y25.

N20　G43　Z5. H01　M03　S500

N30　M08

N40　G52　X0　Y0　M98　P2011

N50　G52　X100. M98　P2011

N60　G52　X200. M98　P2011

N70　G52　X300. M98　P2011

N80　G52　X300. Y100. M98　P2011

N90　G52　X200. Y100. M98　P2011

N100　G52　X100. Y100. M98　P2011

N110　G52　X0. Y100. M98　P2011

N120　Z100. M09

N130　M30

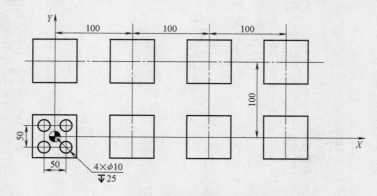

图 4-38　子程序应用例图

O2011　一级子程序

N10　G00　X25.　Y25.

N20　M98　P2012

N30　X-25.

```
N40    M98    P2012
N50    Y-25.
N60    M98    P2012
N70    X25.
N80    M98    P2012
N90    G52    X0    Y0
N100   M99


O2012    二级子程序
N10    G01    Z-25    F80
N20    G00    Z3
N30    M99
```

12. G15、G16——极坐标指令

在加工以中心对称分布为特征的零件时，使用极坐标编程十分方便。极坐标指令是选择性功能，用极径和极角表示。

（1）指令格式

G17/G18/G19 G90/G91 G16

G×× P～

G15

程序段中各项的含义如下：

G16：启动极坐标指令。

G15：取消极坐标指令。

G90：指定工件坐标系的零点作为极坐标系的原点，从该点测量半径。

G91：指定当前位置作为极坐标系的原点，从该点测量半径。

P～：指定极坐标系轴地址及其值。第 1 轴：极坐标半径，第 2 轴：极坐标角度。

（2）说明

终点的坐标值可以用极坐标（半径和角度）输入。角度的正向是所选平面的第 1 轴正向沿逆时针转动的转向，而负向是沿顺时针转动的转向。半径和角度均可以用绝对值指令或增量值指令。

例　编写加工图 4-39 所示的螺栓圆孔程序。

用绝对值编程，程序如下：

N1   G17   G90   G16　　　　　　　　　指定极坐标指令和选择 XY
　　　　　　　　　　　　　　　　　　　　平面，设定工件坐标系的
　　　　　　　　　　　　　　　　　　　　零点作为极坐标系的原点

N2   G81   X100.0   Y30.0   Z-20.0   R-5.0   F200.0　　　指定100mm 的距离和30°的
　　　　　　　　　　　　　　　　　　　　　　　　　　　　　角度

N3　Y150.0	指定 100mm 的距离和 150° 的角度
N4　Y270.0	指定 100mm 的距离和 270° 的角度
N5　G15　G80	取消极坐标指令

用增量值编程，程序如下：

N1　G17　G90　G16	指定极坐标指令和选择 XY 平面，设定工件坐标系的零点作为极坐标的原点
N2　G81　X100.0　Y30.0　Z-20.0　R-5.0　F200.0	指定 100mm 的距离和 30° 的角度
N3　G91　Y120.0	指定 100mm 的距离和 +120° 的增量角度
N4　Y120.0	指定 100mm 的距离和 +120° 的增量角度
N5　G15　G80	取消极坐标指令

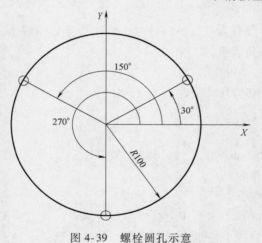

图 4-39　螺栓圆孔示意

13. 螺旋插补

螺旋插补是指通过指定最多两个圆弧插补轴与其他圆弧插补轴同步移动，形成螺旋移动轨迹（图4-40），沿着两个圆弧插补轴的圆周进给速度是指定的进给速度。

（1）格式

与 $X_p Y_p$ 平面圆弧同时移动；

$$G17 \quad G02/G03 \quad X_p \sim Y_p \sim \begin{Bmatrix} R \sim \\ I \sim \quad J \sim \end{Bmatrix} \alpha \sim (\beta \sim) \quad F \sim ;$$

与 $X_p Z_p$ 平面圆弧同时移动；

$$G18 \quad G02/G03 \quad X_p \sim Z_p \sim \begin{Bmatrix} R \sim \\ I \sim \quad K \sim \end{Bmatrix} \alpha \sim (\beta \sim) \quad F \sim ;$$

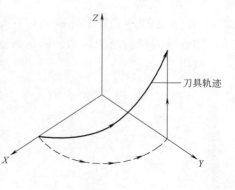

图 4-40　螺旋插补

与 Y_pZ_p 平面圆弧同时移动；

$$G19 \quad G02/G03 \quad X_p \sim Y_p \sim \begin{cases} R \sim \\ J \sim \quad K \sim \end{cases} \alpha \sim (\beta \sim) \quad F \sim ;$$

指令格式中，α、β 为非圆弧插补的任意一个轴，最多能指定两个其他轴。

（2）说明　指令方法只是简单地加上一个非圆弧插补轴的移动轴。F 指令指定沿圆弧的进给速度。因此，直线轴的进给速度为：F×圆弧的长度/直线轴的长度。

确定进给速度，使直线轴的进给速度不超过任何限制值。参数 No. 1404#0（HFC）用于防止直线进给速度超过各种限制值。

（3）限制　螺旋线插补只对圆弧进行刀具半径补偿，在指令螺旋线插补的程序段中，不能指令刀具偏置和刀具长度补偿。

例　铣削图 4-41 所示螺旋线，共有 10 圈，其程序如下：

N1	G90　G80　G40　G17　G49　G94　G21	绝对，取消循环，取消刀补，XY 平面
N2	G54　X0　Y0　G00	设定坐标系
N3	M03　S500	主轴转
N4	G91　G17	相对坐标编程，XY 平面
N5	G03　X0. Y0. Z5. I15. J0. K5. F50.	螺旋插补，第 1 个导程
N6	X0. Y0. Z5. I15. J0. K5.	螺旋插补，第 2 个导程
N7	X0. Y0. Z5. I15. J0. K5.	螺旋插补，第 3 个导程
N8	X0. Y0. Z5. I15. J0. K5.	螺旋插补，第 4 个导程
N9	X0. Y0. Z5. I15. J0. K5.	螺旋插补，第 5 个导程
N10	X0. Y0. Z5. I15. J0. K5.	螺旋插补，第 6 个导程
N11	X0. Y0. Z5. I15. J0. K5.	螺旋插补，第 7 个导程
N12	X0. Y0. Z5. I15. J0. K5.	螺旋插补，第 8 个导程
N13	X0. Y0. Z5. I15. J0. K5.	螺旋插补，第 9 个导程
N14	X0. Y0. Z5. I15. J0. K5.	螺旋插补，第 10 个导程
N15	M30	程序结束

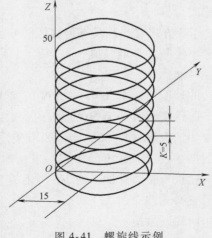

图 4-41　螺旋线示例

三、固定循环功能

在前面介绍的加工指令中，一般每一个 G 指令都对应机床的一个动作，它需要用一个程序段来实现。为了进一步提高编程工作效率，FANUC 0i-MB 系统对于一些典型加工中几个固定、连续的动作规定了用一个 G 指令来指定，并用固定循环指令来选择。

本系统常用的固定循环指令能完成的工作有镗孔、钻孔和攻螺纹等。这些循环通常包括下列六个基本动作：

1）在 XY 平面定位。

2）快速移动到 R 平面。

3）孔加工。

4）孔底动作。

5）返回到 R 平面。

6）返回到起始点。

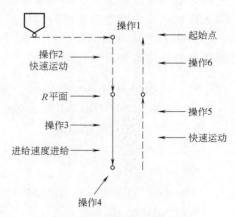

图 4-42　固定循环的基本动作

上述基本动作如图 4-42 所示。图中实线表示切削进给，虚线表示快速运动。R 平面为在孔口时，快速运动与进给运动的转换位置。

指令格式为：

G90/G91　G98/G99　G73~G89　X~　Y~　Z~　R~　Q~　P~　F~　K~

其中　G90/G91——数据方式。在采用绝对方式时，Z 值为孔底的坐标值；当采用增量方式时，Z 轴规定为 R 平面到孔底的距离；

G98/G99——返回点位置。G98 指令返回起始点，G99 指令返回 R 平面；

G73~G89——孔加工方式；

X、Y——孔位置坐标；

R——在增量方式时，为起始点到 R 平面的增量距离；在绝对方式时，为 R 平面的绝对坐标；

Q——在 G73、G83 方式时，或具有偏移值的 G76 与 G87 时，规定每次切削深度，它始终是一个增量值；

P——孔底暂停时间；

F——切削进给的速度。在图 4-42 中，循环操作 3 的速度由 F 指定，而循环动作 5 的速度则由选定的循环方式确定；

K——规定重复加工次数（1~6）。当 K 没有规定时，默认为 1；当 K=0 时，孔加工数据存入，但不执行加工。当孔加工方式建立后，一直有效，而不需要在执行相同孔加工的每一个程序段中指定，直到被新的孔加工方式所更换或被撤销。

固定循环由 G80 或 01 组 G 代码撤销。

下面用图示方法说明几种常用的孔加工固定循环。

1. G73——高速钻孔循环

指令格式：G73 X~ Y~ Z~ R~ Q~ F~ K~

其中 X、Y——孔位数据；

Z——孔深度；

Q——每次切削进给的切削深度（一般 2~3mm）；

F——切削进给速度；

d——每次工作进给后快速退回的一段距离（断屑），其值由参数设定（参数 5114）；

K——重复次数，一般为 1 次。

其他参数含义同 G73 指令。

孔深大于 5 倍直径孔的加工属于深孔加工，不利于排屑，故采用间断进给（分多次进给）。该指令的动作示意图如图 4-43 所示，这种加工通过 Z 轴的间断进给可以比较容易地实现断屑与排屑。

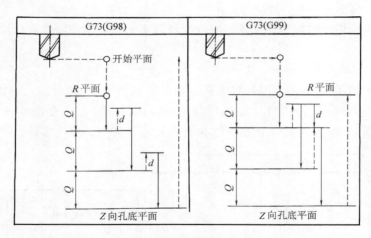

图 4-43 高速钻孔循环

2. G74——攻螺纹（左螺纹）循环

指令格式：G74 X~ Y~ Z~ R~ P~ F~ K~

其中 X、Y——孔位数据；

Z——螺纹深度；

P——孔底停留时间；

F——切削进给速度（螺纹导程×主轴转速）；

K——重复次数（一般为 1 次）。

其他参数含义同 G73 指令。

G74 用于攻左旋螺纹，在攻左旋螺纹前，先使主轴反转，再执行 G74 指令，刀具先快速定位至 X、Y 所指定的坐标位置，再快速定位到 R 点，接着以 F 所指定的进给速度攻螺纹至 Z 所指定的坐标位置后，主轴转换为正转且同时向 Z 轴正方向退回至 R 点，退至 R 点后主轴恢复原来的反转。指令动作示意图如图 4-44 所示。

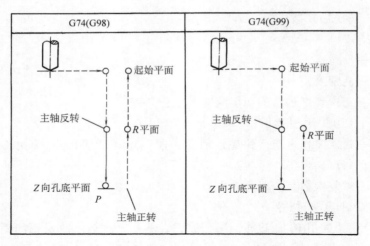

图 4-44　攻螺纹循环

3. G76——精镗孔循环

精镗循环指令用于精密镗孔加工，它可以通过主轴定向准停动作进行让刀，从而消除退刀痕。

指令格式：G76　X~　Y~　R~　Z~　Q~　F~　K~

动作过程如图 4-45 所示。刀具快速从初始点定位至 X、Y 坐标点，再快速移至 R 点，并开始进行精镗切削，直至孔底，主轴定向停止、让刀（镗刀中心偏移一个 Q 值，使刀尖离开加工孔面），快速返回到 R 点（或初始点）主轴复位，重新启动，转入下一段。

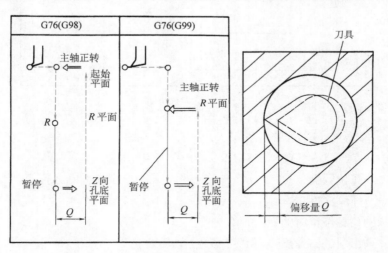

图 4-45　精镗循环

格式中的地址 Q 指定退刀位移量，通过主轴的定位控制机能使主轴在规定的角度上准确停止并保持这一位置，从而使镗刀的刀尖对准某一方向。停止后，机床通过刀尖相反的方向的少量后移，使刀尖脱离工件表面，保证在退刀时不擦伤加工面表面，以进行高精度镗削加工。Q 值必须是正值，位移的方向是 +X、−X、+Y、−Y，它可以事先用"机床参数"进行设定。

4. G80——撤销固定循环

使用 G80 指令后，固定循环被取消，孔加工数据全部清除，从 G80 的下一程序段开始执行一般 G 代码。

5. G81——定点钻孔循环

G80 指令是简单钻孔循环无断屑、无排屑、无孔底停留。

指令格式：G81　X~　Y~　Z~　R~　F~

其中　X、Y——孔位数据；

　　　　Z——孔深度；

　　　　F——切削进给速度。

该指令一般用于钻中心孔或浅孔，动作示意图如图 4-46 所示。

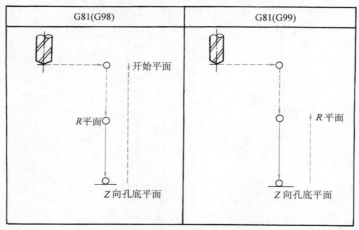

图 4-46　钻孔循环

6. G83——深孔钻削循环

G83 指令用于高速深孔加工。

指令格式：G83　X~　Y~　Z~　R~　Q~　F~

其中　X、Y——孔位数据；

　　　　Z——孔深度；

　　　　Q——每次切削进给的切削深度；

　　　　F——切削进给速度；

　　　　d——由参数 5114 设定。

G83 的指令执行过程如图 4-47 所示，与 G73 的区别在于：每完成一个 Q 深度退出到 R 点后，快速向下进刀至 d 深处改为切削进给。这种方法使钻头退出被加工零件外，对于排屑和冷却都有利。指令动作示意图如图 4-47 所示。

7. G84——攻螺纹（右螺纹）循环

指令格式：G84　X~　Y~　Z~　R~　P~　F~　K~

G84 指令用于加工右旋螺纹孔。向下切削时主轴正转，孔底动作是变正转为反转，再退出。F 表示导程，在 G84 切削螺纹期间速率修正无效，移动将不会中途停顿，直到循环结束。G84 右旋螺纹加工循环指令动作示意图如图 4-48 所示。

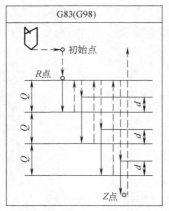
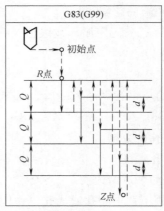

图 4-47　G83 深孔钻削循环

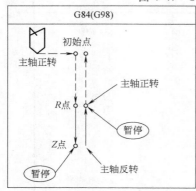
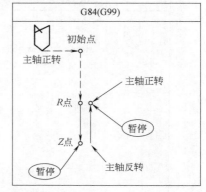

图 4-48　G84 右旋螺纹加工循环

例　使用刀具长度补偿功能和固定循环功能加工图 4-49 所示零件上的 12 个孔。

#1～6——6mm 直径孔钻削加工
#7～10——10mm 直径孔钻削加工
#11～12——40mm 直径孔镗孔

图 4-49　编程举例

a）零件图　b）刀具尺寸图

1）分析零件图样，进行工艺处理。该零件孔加工中，有通孔、不通孔，需钻、扩和镗加工。故选择钻头 T01、扩孔刀 T02 和镗刀 T03，加工坐标系原点在零件上表面处。由于有三种孔径尺寸的加工，按照先小孔后大孔加工的原则，确定加工路线为：从编程原点开始，先加工 6 个 ϕ6mm 的孔，再加工 4 个 ϕ10mm 的孔，最后加工 2 个 ϕ40mm 的孔。

T01、T02 的主轴转速 $n = 600\text{r/min}$，进给速度 $v_f = 120\text{mm/min}$；T03 主轴转速 $n = 300\text{r/min}$，进给速度 $v_f = 50\text{mm/min}$。

2）加工调整。T01、T02 和 T03 的刀具补偿号分别为 H01、H02 和 H03。对刀时，以 T01 刀为基准，按图 4-49 所示的方法确定零件上表面为 Z 向零点，则 H01 中刀具长度补偿值设置为零，该点在 G53 坐标系中的位置为 Z-30。对 T02，因其刀具长度与 T01 相比为（140-150）mm = -10mm，即短了 10mm，所以将 H02 的补偿值设置为 -10。对 T03 同样计算，H03 的补偿值设置为 -50。换刀时，用 M00 指令停止后，手动换刀后再起动，继续执行程序。

根据零件的装夹尺寸，设置加工原点 G54：$X = -600$，$Y = -80$，$Z = -30$。

3）数学处理。在多孔加工时，为了简化程序，采用固定循环指令。这时的数学处理主要是按固定循环指令格式的要求，确定孔位坐标、快进尺寸和工作进给尺寸值等。固定循环中的开始平面为 $Z = 5$，R 点平面定为零件孔口表面+Z 向 3mm 处。

4）编写零件加工程序如下：

N10　G54　G90　G00　X0　Y0　Z30	进入加工坐标系在 G54：X-600、Y-80、Z0 处
N20　G43　G00　Z5　H01	选用 T01 号刀具
N30　S600　M03	主轴起动
N40　G99　G81　X40　Y-35　Z-63　R-27　F120	加工#1 孔（回 R 平面）
N50　Y-75	加工#2 孔（回 R 平面）
N60　G98　Y-115	加工#3 孔（回起始平面）
N70　G99　X300	加工#4 孔（回 R 平面）
N80　Y-75	加工#5 孔（回 R 平面）
N90　G98　Y-35	加工#6 孔（回起始平面）
N100　G00　X500　　Y0　,M05	回换刀点，主轴停
N110　G49　Z20　M00	撤销刀补，换刀
N120　G43　Z5　H02	选用 T02 刀，长度补偿
N130　S600　M03	主轴起动
N140　G99　G81　X70　Y-55　Z-50　R-27　F120	加工#7 孔（回 R 平面）
N150　G98　Y-95	加工#8 孔（回起始平面）
N160　G99　X270	加工#9 孔（回 R 平面）
N170　G98　Y-55	加工#10 孔（回起始平面）
N180　G00　X500　Y0　M05	回换刀点，主轴停
N190　G49　Z20　M00	撤销刀补，换刀

N200	G43	Z5	H03				选用 T03 刀,长度补偿
N210	S300	M03					主轴起动
N220	G76	G99	X170	Y−35	Z−65	R3 F50	加工#11 孔(回 R 平面)
N230	G98	Y−115					加工#12 孔(回起始平面)
N240	G49	Z30					撤销刀补
N250	M30						程序停

参数设置:

H01 = 0, H02 = −10,H03 = −50;

G54:X = −600,Y = −80,Z = −30。

四、加工中心换刀程序

不同的加工中心,其换刀程序是不同的,通常选刀和换刀分开进行。换刀完毕起动主轴后,方可进行下面程序段的加工内容。选刀可与机床加工重合起来,即利用切削时间进行选刀。多数加工中心都规定了换刀点位置,即定距换刀。主轴只有运动到这个位置,机械手才能松开执行换刀动作。一般立式加工中心规定换刀点的位置在机床 Z_0(即机床 Z 轴零点)处,卧式加工中心规定在 Y_0(即机床 Y 轴零点)处。换刀程序可采用两种方法设计。

方法一: N10　G28　Z10　T0202　　返回参考点,选 T02 号刀

　　　　　N11　M06　　　　　　　　主轴换上 T02 号刀

方法二: N10　G01　Z∼T0202　　　切削过程中选 T02 号刀

　　　　　…

　　　　　…

　　　　　N017　G28　Z10　M06　　返回参考点,换上 T02 号刀

　　　　　N018　G01　Z∼T03　　　切削加工同时选 T03 号刀

除换刀程序的应用外,加工中心的编程方法与数控铣床基本相同。编程时,应根据加工批量等情况,确定采用自动换刀或手动换刀。一般对加工批量在 10 件以上,而刀具更换又比较频繁时,以采用自动换刀为宜。但当批量很少而使用的刀具种类又不多时,把自动换刀安排到程序中,反而会增加机床调整时间。

为了提高机床利用率,尽量采用刀具机外预调,并将测量尺寸填写到刀具卡片中,以便操作者在运行程序前确定刀具补偿参数。

五、用户宏功能

在编程工作中,经常把能完成某一功能的一系列指令像子程序那样存入存储器,用一个总指令来代表它们,使用时只需给出这个总指令就能执行其功能。所存入的这一系列指令称为用户宏功能主体,这个总指令称为用户宏功能指令,如图 4-50 所示。

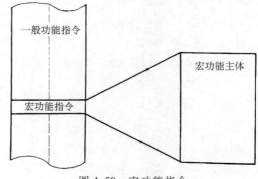

图 4-50　宏功能指令

在编程时，不必记住用户宏功能主体所含的具体指令，只要记住用户宏功能指令即可。用户宏功能的最大特点是在用户宏功能主体中能够使用变量；变量之间还能够进行运算；用户宏功能指令可以把实际值设定为变量，使用户宏功能更具通用性。可见，用户宏功能是用户提高数控机床性能的一种特殊功能。宏功能主体既可由机床生产厂提供，也可由机床用户厂自己编制。使用时，先将用户宏主体像子程序一样存放到内存里，然后用子程序调用指令 M98 调用。用户宏功能有 A、B 两类。

（一）A 类宏功能应用

1. 变量

在常规程序内，总是将一个具体的数值赋给一个地址。为了使程序更具通用性、更加灵活，在宏程序中设置了变量。

（1）变量的表示　变量可以用"#"号和跟随其后的变量序号来表示：

$\#i$（i＝1，2，3…）

> 例　#5，#109，#501

（2）变量的引用　将跟随在一个地址后的数值用一个变量来代替，即引入了变量。

> 例　对于 F#103，若#103＝50 时，则为 F50；
>
> 　　对于 Z-#110，若#110＝100 时，则 Z 为-100；
>
> 　　对于 G#130，若#130＝3 时，则为 G03。

（3）变量的类型　FANUC　0i-MB 系统的变量分为公共变量和系统变量两类。

1）公共变量。公共变量是在主程序和主程序调用的各用户宏程序内公用的变量。也就是说，在一个宏指令中的#i 与在另一个宏指令中的#i 是相同的。

公共变量的序号为：#100～#131；#500～#531。其中#100～#131 公共变量在电源断电后即清零，重新开机时被设置为"0"，#500～#531 公共变量即使断电后，它们的值也保持不变，因此也称为保持型变量。

2）系统变量。系统变量定义为：有固定用途的变量。它的值决定系统的状态。系统变量包括刀具偏置变量、接口的输入/输出信号变量、位置信息变量等。

系统变量的序号与系统的某种状态有严格的对应关系。例如，刀具偏置变量序号为#01～#99，这些值可以用变量替换的方法加以改变，在序号 1～99 中，不用作刀具偏置量的变量可用作保持型公共变量#500～#531。

接口输入信息#1000～#1015，#1032。通过阅读这些系统变量，可以知道各输入口的情况。当变量值为"1"时，说明接点闭合；当变量值为"0"时，表明接点断开。这些变量的数值不能被替换。阅读变量#1032，所有输入信号一次读入。

2. 宏指令 G65

宏指令 G65 可以实现丰富的宏功能，包括算术运算、逻辑运算等处理功能。一般形式为：

G65　Hm　P#i　Q#j　R#k

其中　　m——宏指令代码，数值范围 01～99；

　　　　#i——运算结果存放处的变量名；

#*j*——被操作的第一个变量,也可以是一个常数;

#*k*——被操作的第二个变量,也可以是一个常数。

例如,当程序功能为加法运算时:

P#100   Q#101   R#102…#100 = #101+#102

P#100   Q−#101   R#102…#100 = −#101+#102

P#100   Q#101   R15…#100 = #101+15

宏功能指令见表4-8。

表4-8 宏功能指令表

G 码	H 码	功　能	定　义
G65	H01	定义,替换	$\#i = \#j$
G65	H02	加	$\#i = \#j + \#k$
G65	H03	减	$\#i = \#j - \#k$
G65	H04	乘	$\#i = \#j \times \#k$
G65	H05	除	$\#i = \#j / \#k$
G65	H11	逻辑"或"	$\#i = \#j \cdot OR \cdot \#k$
G65	H12	逻辑"与"	$\#i = \#j \cdot AND \cdot \#k$
G65	H13	异或	$\#i = \#j \cdot XOR \cdot \#k$
G65	H21	平方根	$\#i = \sqrt{\#j}$
G65	H22	绝对值	$\#i = |\#j|$
G65	H23	求余	$\#i = \#j - trunc(\#j/\#k) \cdot \#k$ trunc:丢弃小于 1 的分数部分
G65	H24	BCD 码→二进制码	$\#i = BIN(\#j)$
G65	H25	二进制码→BCD 码	$\#i = BCD(\#j)$
G65	H26	复合乘/除	$\#i = (\#i \times \#j) \div \#k$
G65	H27	复合平方根 1	$\#i = \sqrt{\#j^2 + \#k^2}$
G65	H28	复合平方根 2	$\#i = \sqrt{\#j^2 - \#k^2}$
G65	H31	正弦	$\#i = \#j \cdot SIN(\#k)$
G65	H32	余弦	$\#i = \#j \cdot COS(\#k)$
G65	H33	正切	$\#i = \#j \cdot TAN(\#k)$
G65	H34	反正切	$\#i = ATAN(\#j/\#k)$
G65	H80	无条件转移	GOTO n
G65	H81	条件转移 1	IF$\#j = \#k$,GOTOn
G65	H82	条件转移 2	IF$\#j \neq \#k$,GOTOn
G65	H83	条件转移 3	IF$\#j > \#k$,GOTOn
G65	H84	条件转移 4	IF$\#j < \#k$,GOTOn
G65	H85	条件转移 5	IF$\#j \geq \#k$,GOTOn
G65	H86	条件转移 6	IF$\#j \leq \#k$,GOTOn
G65	H99	产生 PS 报警	PS 报警号 500+n 出现

（1）算术运算宏指令

1）变量的定义和替换　$\#i=\#j$

格式：G65　H01　P#i　Q#j

> 例　G65　H01　P#101　Q1005；（#101=1005）
>
> 　　G65　H01　P#101　Q-#112；（#101=-#112）

2）加法　$\#i=\#j+\#k$

格式：G65　H02　P#i　Q#j　R#k

> 例　G65　H02　P#101　Q#102　R#103；（#101=#102+#103）

3）减法　$\#i=\#j-\#k$

格式：G65　H03　P#i　Q#j　R#k

> 例　G65　H03　P#101　Q#102　R#103；（#101=#102-#103）

4）乘法　$\#i=\#j×\#k$

格式：G65　H04　P#i　Q#j　R#k

> 例　G65　H04　P#101　Q#102　R#103；（#101=#102×#103）

5）除法　$\#i=\#j/\#k$

格式：G65　H05　P#i　Q#j　R#k

> 例　G65　H05　P#101　Q#102　R#103；（#101=#102/#103）

6）逻辑或　$\#i=\#j·OR·\#k$

格式：G65　H11　P#i　Q#j　R#k

> 例　G65　H11　P#101　Q#102　R#103；（#101=#102·OR·#103）

7）逻辑与　$\#i=\#j·AND·\#k$

格式：G65　H12　P#i　Q#j　R#k

> 例　G65　H12　P#101　Q#102　R#103；（#101=#102·AND·#103）

8）异或　$\#i=\#j·XOR·\#k$

格式：G65　H13　P#i　Q#j　R#k

> 例　G65　H13　P#101　Q#102　R#103；（#101=#102·XOR·#103）

9）平方根　$\#i=\sqrt{\#j}$

格式：G65　H21　P#i　Q#j

> 例　G65　H21　P#101　Q#102；（#101=$\sqrt{\#102}$）

10）绝对值　$\#i=|\#j|$

格式：G65　H22　P#i　Q#j

例　G65　H22　P#101　Q#102；（#101=｜#102｜）

11）求余　#i=#j-trunc（#j/#k）＊#k

格式：G65　H23　P#i　Q#j　R#k

例　G65　H23　P#101　Q#102　#103；（#101=#102-trunc(#102/#103)＊#103）

12）BCD码转换为二进制代码　#i=BIN（#j）

格式：G65　H24　P#i　Q#j

例　G65　H24　P#101　Q#102；（#101=BIN（#102））

13）二进制码转换为BCD码　#i=BCD（#j）

格式：G65　H25　P#i　Q#j

例　G65　H25　P#101　Q#102；（#101=BCD（#102））

14）复合乘/除　（#i×#j）/#k

格式：G65　H26　P#i　Q#j　R#k

例　G65　H26　P#101　Q#102　R#103；（#101=（#101×#102）/#103

15）复合平方根1　#i=$\sqrt{\#j^2+\#k^2}$

格式：G65　H27　P#i　Q#j　R#k

例　G65　H27　P#101　Q#102　R#103；（#101=$\sqrt{\#102^2+\#103^2}$）

16）复合平方根2　#i=$\sqrt{\#j^2-\#k^2}$

格式：G65　H28　P#i　Q#j　R#k

例　G65　H28　P#101　Q#102　R#103；（#101=$\sqrt{\#102^2-\#103^2}$）

17）正弦函数　#i=#j×SIN（#k）

格式：G65　H31　P#i　Q#j　R#k（单位：度）

例　G65　H31　P#101　Q#102　R#103；（#101=#102×SIN（#103））

18）余弦函数　#i=#j×COS（#k）

格式：G65　H32　P#i　Q#j　R#k（单位：度）

例　G65　H32　P#101　Q#102　R#103；（#101=#102×COS（#103））

19）正切函数　#i=#j×TAN（#k）

格式：G65　H33　P#i　Q#j　R#k（单位：度）

例　G65　H33　P#101　Q#102　R#103；（#101=#102×TAN（#103））

20）反正切 $\#i = \text{ATAN} (\#j/\#k)$

格式：G65 H34 P#i Q#j R#k（单位：度，$0° \leqslant \#j \leqslant 360°$）

例 G65 H34 P#101 Q#102 R#103；（$\#101 = \text{ATAN} (\#102/\#103)$）

（2）控制命令宏指令

1）无条件转移

格式：G65 H80 Pn（n 为程序段号）

例 G65 H80 P120；（转移到 N120）

2）条件转移 1 $\#j \cdot \text{EQ} \cdot \#k(=)$

格式：G65 H81 Pn Q#j R#k（n 为程序段号）

例 G65 H81 P1000 Q#101 R#102

当$\#101 = \#102$，转移到 N1000 程序段；若$\#101 \neq \#102$，执行下一程序段。

3）条件转移 2 $\#j \cdot \text{NE} \cdot \#k$

格式：G65 H82 Pn Q#j R#k（n 为程序段号）

例 G65 H82 P1000 Q#101 R#102

当$\#101 \neq \#102$，转移到 N1000 程序段；若$\#101 = \#102$，执行下一程序段。

4）条件转移 3 $\#j \cdot \text{GT} \cdot \#k$ （>）

格式：G65 H83 Pn Q#j R#k（n 为程序段号）

例 G65 H83 P1000 Q#101 R#102

当$\#101 > \#102$，转移到 N1000 程序段；若$\#101 \leqslant \#102$，执行下一程序段。

5）条件转移 4 $\#j \cdot \text{LT} \cdot \#k$

格式：G65 H84 Pn Q#j R#k（n 为程序段号）

例 G65 H84 P1000 Q#101 R#102

当$\#101 < \#102$，转移到 N1000；若$\#101 \geqslant \#102$，执行下一程序段。

6）条件转移 5 $\#j \cdot \text{GE} \cdot \#k$

格式：G65 H85 Pn Q#j R#k（n 为程序段号）

例 G65 H85 P1000 Q#101 R#102

当$\#101 \geqslant \#102$，转移到 N1000；若$\#101 < \#102$，执行下一程序段。

7）条件转移 6 $\#j \cdot \text{LE} \cdot \#k$

格式：G65 H86 Pn Q#j Q#k（n 为程序段号）

例 G65 H86 P1000 Q#101 R#102

当$\#101 \leqslant \#102$，转移到 N1000；若$\#101 > \#102$，执行下一程序段。

8）P/S 报警

格式：G65　H99　Pi（i+500 为报警号）

例　G65　H99　P15

出现 P/S 报警号 515。

（3）使用注意事项　为保证宏程序的正常运行，在使用用户宏程序的过程中，应注意以下几点：

1）由 G65 规定的 H 码不影响偏移量的任何选择。

2）如果用于各算术运算的 Q 或 R 未被指定，则当 0 处理。

3）在分支转移目标中，如果序号为正值，则检索过程是先向后续程序段查找；如果序号为负值，则检索过程是返回向前面的程序段查找。

4）转移目标序号可以是变量。

3. 用户宏程序应用举例

例　加工圆周等分孔。设圆心在 O 点，它在机床坐标系中的坐标用 G54 来设置，在半径为 r 的圆周上均匀地钻几个等分孔，起始角度为 α，孔数为 n。以零件上表面为 Z 向零点，如图 4-51 所示。

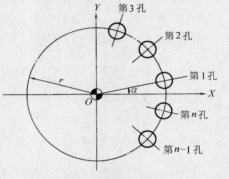

图 4-51　加工圆周等分孔

使用以下保持型变量：

#502：半径 r；

#503：起始角度 α；

#504：孔数 n，当 $n>0$ 时，按逆时针方向加工；当 $n<0$ 时，按顺时针方向加工；

#505：孔底 Z 坐标值；

#506：R 平面 Z 坐标值；

#507：F 进给量。

注意，设置保持型变量时，角度值输入设置为带小数点的方式，即若起始角度 $\alpha=30°$，则输入#503＝"30."；其他数值为不带小数点的方式输入，最小指令值为 0.001mm，即若设置#502＝100mm，则输入#502＝"100000"。

使用以下变量进行操作运算：

#100：表示第 i 步钻第 i 孔的计数器；

#101：计数器的最终值（为 n 的绝对值）；

#102：第 i 个孔的角度 θ_i 的值；

#103：第 i 个孔的 X 坐标值；

#104：第 i 个孔的 Y 坐标值；

用用户宏程序编制的钻孔子程序如下：

```
程序名 O9100
N110   G65   H01   P#100   Q0                        #100 = 0
N120   G65   H22   P#101   Q#  504                   #101 = |#504|
N130   G65   H04   P#102   Q#100   R360.             #102 = #100×360°
N140   G65   H05   P#102   Q#102   R#504             #102 = #102/#504
N150   G65   H02   P#102   Q#503   R#102             #102 = #503+#102 当前孔孔位角度
                                                      θᵢ=α+(360°×i)/n
N160   G65   H32   P#103   Q#502   R#102             #103 = #502×cos(#102)当前孔的 X
                                                      坐标
N170   G65   H31   P#104   Q#502   R#102             #104 = #502×sin(#102)当前孔的 Y
                                                      坐标
N180   G90   G81   G98   X#103   Y#104               加工当前孔(返回开始平面)
       Z#505   R#506   F#507
N190   G65   H02   P#100   Q#100   R1                #100 = #100+1 下一个孔
N200   G65   H84   P-130   Q#100   R#101             当#100<#101 时,向上返回到 N130
                                                      程序段
M99                                                   返回主程序
```

$$\theta_i = \alpha + (360° \times i)/n$$

调用上述子程序的主程序如下:

```
主程序名 O0010
N10    G54   G90   G00   X0   Y0   Z20              进入加工坐标系
N20    M98   P9100                                  调用钻孔子程序
N30    G00   G90   X0   Y0                          返回加工坐标系零点
N40    Z20                                          抬刀
N50    M30                                          程序结束
```

变量#500~#507 可以在程序中赋值,也可由 MDI 方式设定。

(二)B 类宏功能应用

1. 变量的种类

变量分为局部变量、公共变量和系统变量三类,其用途和性质各不相同。

(1)局部变量#1~#33　所谓局部变量就是指局限于在用户宏程序中使用的变量。同一个局部变量,在不同宏程序内其值是不通用的,无论这些宏程序是在同一层次或不在同一层次(即调用或被调用),都是如此。局部变量一般在调用宏程序的宏指令中赋值,也可在宏程序中直接赋值或用演算式赋值。

(2)公共变量#100~#149、#500~#531　它是指在主程序内和由主程序调用的各用户宏程序内公用的变量。即:在某宏程序中使用的变量#i,在其他宏程序中也能使用。公共变量#100~#149会因切断电源被清除,#500~#531则不会因切断电源被清除。

(3)系统变量　这是固定用途的变量,它的值决定系统的状态。它包括接口的输入/输出信号变量、刀具形状补偿变量以及同步信号变量等。

2. 变量的运算

在变量之间、变量和常量之间,可以进行各种运算。能使用的运算符有:+(和)、-(差)、*(积)、/(商)、SIN(正弦)、COS(余弦)、TAN(正切)、ATAN(反正切)、SQRT(平方根)、ABS(绝对值)等。

例 #20 = [SIN [#2+#4] * 3.14+#4] * ABS[#10]

3. 控制指令

用以下控制指令可以控制用户宏程序主体的程序流程。

(1) IF [<条件式>] GOTO $n(n=$顺序号)

<条件式>成立时,从顺序号为 n 的程序段以下执行;<条件式>不成立时,执行下一个程序段。<条件式>有以下种类:

$#j$ EQ $#k$ ($#j$ 是否 = $#k$)

$#j$ NE $#k$ ($#j$ 是否 ≠ $#k$)

$#j$ GT $#k$ ($#j$ 是否 > $#k$)

$#j$ LT $#k$ ($#j$ 是否 < $#k$)

$#j$ GE $#k$ ($#j$ 是否 ≥ $#k$)

$#j$ LE $#k$ ($#j$ 是否 ≤ $#k$)

(2) WHILE [<条件式>] DO $m(m=1,2,3)$

…

END m

<条件式>成立时,从 DO m 的程序段到 END m 的程序段重复执行;<条件式>如果不成立,则从 END m 的下一个程序段执行。

4. 用户宏程序命令

指令格式:G65 P(宏程序号)(指定自变量)

所谓的自变量就是给出地址后的实际值。

例 A10 E3.2 M13.4

由规则设定与地址 A~Z 相对应的变量号,见表 4-9。

表 4-9 文字变量与数字序号变量之间的关系

A	#1	I	#4	T	#20
B	#2	J	#5	U	#21
C	#3	K	#6	V	#22
D	#7	M	#13	W	#23
E	#8	Q	#17	X	#24
F	#9	R	#18	Y	#25
H	#11	S	#19	Z	#26

5. 圆环点阵孔群的加工

圆环点阵孔群如图 4-52 所示。在本章中,曾经用 A 类宏程序解决过类似问题,这里采用

B 类宏程序方法来解决。宏程序中需要的数据均在主程序调用时赋值。其框图如图 4-53 所示。

宏程序中将用到下列变量：

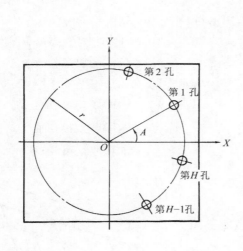

图 4-52 圆环点阵孔群的加工

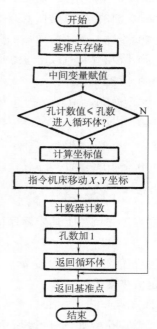

图 4-53 圆环点阵孔群框图

#1——第一个孔的起始角度 A，在主程序中用对应的文字变量 A 赋值；

#3——孔加工固定循环中 R 平面值 C，在主程序中用对应的文字变量 C 赋值；

#9——孔加工的进给量值 F，在主程序中用对应的文字变量 F 赋值；

#11——要加工孔的孔数 H，在主程序中用对应的文字变量 H 赋值；

#18——加工孔所处的圆环半径值 R，在主程序中用对应的文字变量 R 赋值；

#26——孔深坐标值 Z，在主程序中用对应的文字变量 Z 赋值；

#30——基准点，即圆环形中心的 X 坐标值 X_0；

#31——基准点，即圆环形中心的 Y 坐标值 Y_0；

#32——当前加工孔的序号 i；

#33——当前加工第 i 孔的角度；

#100——已加工孔的数量；

#101——当前加工孔的 X 坐标值，初值设置为圆环形中心的 X 坐标值 X_0；

#102——当前加工孔的 Y 坐标值，初值设置为圆环形中心的 Y 坐标值 Y_0。

用户宏程序编写如下：

O8000		
N8010	#30＝#101	基准点保存
N8020	#31＝#102	基准点保存
N8030	#32＝1	计数值置 1

N8040   WHILE　［#32 LE ABS［#11］］DO1　　　进入孔加工循环体

N8050   #33＝#1+360×［#32−1］/#11　　　　计算第 i 孔的角度

N8060   #101＝#30+#18×COS［#33］　　　　计算第 i 孔的 X 坐标值

N8070   #102＝#31+#18×SIN［#33］　　　　计算第 i 孔的 Y 坐标值

N8080   G90 G81 G98 X#101　　Y#102 Z#26 R#3 F#9　　钻削第 i 孔

N8090   #32＝#32+1　　　　　　　　　　计数器对孔序号 i 计数累加

N8100   #100＝#100+1　　　　　　　　　计算已加工孔数

N8110   END1　　　　　　　　　　　　　孔加工循环体结束

N8120   #101＝#30　　　　　　　　　　　返回 X 坐标初值 X_0

N8130   #102＝#31　　　　　　　　　　　返回 Y 坐标初值 Y_0

M99　　　　　　　　　　　　　　　宏程序结束

在主程序中调用上述宏程序的调用格式为：

G65　P8000　A~　C~　F~　H~　R~　Z~

上述程序段中各文字变量后的值均应按零件图样中给定值来赋值。

6. 网式点阵孔群加工

网式点阵孔群如图 4-54 所示，图中，S 为起始边与 X 轴夹角，H 为终边与起始边间夹角，T 为起始边孔距，R 为起始边孔数，D 为终边孔间距，F 为终边孔数。其程序框图如图 4-55 所示。

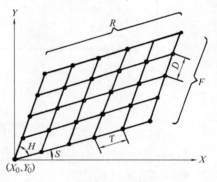

图 4-54　网式点阵孔群

加工如图 4-56 所示的网式点阵孔群时，其宏程序本体中将用到下列变量：

X_0　#501

Y_0　#502

S　#503

H　#504

T　#505

R　#506

D　#507

F　#508

程序中：

#509　Z 向孔底尺寸

#510　R 平面

#511　进给速度 F

#5　行号

#6　列号

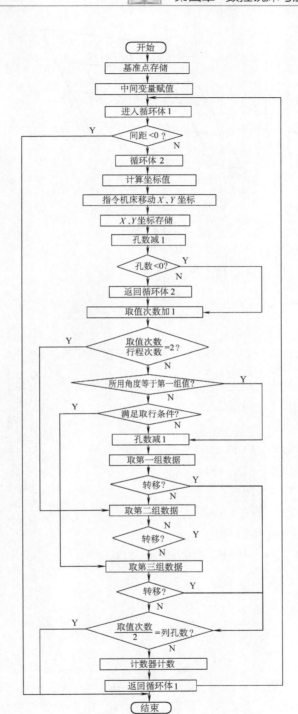

图 4-55　网式点阵孔群框图

宏程序中需要的数据（#501，#502，#503，#504，#505，#506，#507，#508，#509，#510,#511），均在主程序调用时赋值，或在程序使用前作为系统参数用 MDI 方式输入。

　　调用指令：G65　P9000

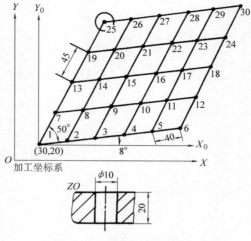

图 4-56　网式点阵孔群加工

宏程序本体如下：

```
O9000
#5=0
#101=#501
#102=#502
WHILE [#5 LT #508]   DO1
#6=0
#101=#101+#5*#507*COS[#504]
#102=#102+#5*#507*SIN[#504]
WHILE [#6 LT #506]   DO2
#3=#101+#6*#505*COS[#503]
#4=#102+#6*#505*SIN[#503]
G81  G98  X#3  Y#4  Z#509  R#510  F#511
#6=#6+1
END2
#5=#5+1
END1
M99
```

7. 曲线加工应用例题

1）生产中常用的零件，如凸轮、齿轮、离合器、螺旋线等都可用宏编程。等速凸轮由于其轮廓线为阿基米德螺旋线，所以编程比较简单，如图 4-57 所示。

已知：半径 $R=40\text{mm}$；$OD=60\text{mm}$；$\angle BOD=90°$。

分析：先将工作曲线分成 90 份，再算出 90 份中的升高量，即 $(60-40)\text{mm}/90$；B 点起始角为 $0°$，$\#3=0$，半径为 40mm，$\#6=40$。

主要程序如下：

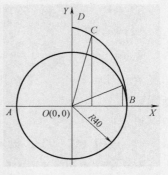

```
N10    G54  G90  G00  X45  Y-10
N20    M03  S1000
N30    G01  Z-5  F50
N40    G01  X40  Y0  F200
N50    #3 = 0
N60    #6 = 40
N70    G01  X = #6 * COS[#3]  Y = #6 * SIN[#3]
N80    #6 = #6+20/90
N90    #3 = #3+1
N100   IF [#3  LE  90]  GOTO  70
N110   G00  Z50
N120   X0  Y0
N130   M30
```

图 4-57　等速凸轮曲线

2）用变量、条件跳转编写图 4-58 所示椭圆程序。椭圆计算公式：$X = a\cos\theta$，$Y = b\sin\theta$。其中 a 为长轴半径，b 为短轴半径。已知长轴半径 $a = 45$mm，短轴半径 $b = 25$mm，厚度为 8mm，用直径为 20mm 的平底立铣刀加工。工件坐标系原点定在椭圆的中心。从 X 轴正方向位置 Z 向进给至深度，然后以角度 θ 为自变量，进行逆时针拟合加工。

主要程序如下：

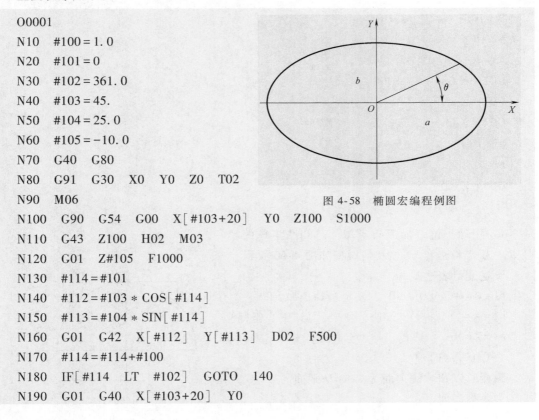

```
O0001
N10    #100 = 1.0
N20    #101 = 0
N30    #102 = 361.0
N40    #103 = 45.
N50    #104 = 25.0
N60    #105 = -10.0
N70    G40  G80
N80    G91  G30  X0  Y0  Z0  T02
N90    M06
```

图 4-58　椭圆宏编程例图

```
N100   G90  G54  G00  X[#103+20]  Y0  Z100  S1000
N110   G43  Z100  H02  M03
N120   G01  Z#105  F1000
N130   #114 = #101
N140   #112 = #103 * COS[#114]
N150   #113 = #104 * SIN[#114]
N160   G01  G42  X[#112]  Y[#113]  D02  F500
N170   #114 = #114+#100
N180   IF[#114  LT  #102]  GOTO  140
N190   G01  G40  X[#103+20]  Y0
```

```
N200  G90  G00  Z100  M05
N210  M30
```

3）用平铣刀加工凸半球。已知凸半球的半径 R，刀具半径 r。建立几何模型如图4-59所示。

设定变量表达式为

#1＝θ＝0（0°～90°，设定初始值#1＝0）

#2＝X＝R＊SIN［#1］+r（刀具中心坐标）

#3＝Z＝R-R＊COS［#1］

编程零点取在球顶面。

主要程序如下：

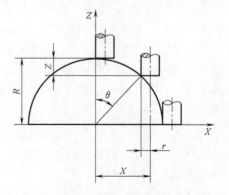

图4-59 用平铣刀加工凸半球

```
O0001
S1000  M03
G90  G54  GOO  Z100
G00  X0  Y0
G00  Z3
#1＝0
WHILE［#1 LE 90］DO1
#2＝R＊SIN［#1］+r
#3＝R-R＊COS［#1］
G01  X#2  Y0  F300
G01  Z-#3  F100
G02  X#2  Y0  I-#2  J0  F300
#1＝#1+1
END1
G00  Z100
M30
```

4）用球头铣刀加工凸半球。已知凸半球的半径 R，刀具半径 r。建立几何模型如图4-60所示。

设定变量表达式为

#1＝θ＝0　　（0°～90°，设定初始值#1＝0）

#2＝X＝［R+r］＊SIN［#1］（刀具中心坐标）

#3＝Z＝R-［R+r］＊COS［#1］+r＝［R+r］＊［1-COS［#1］］

编程时以圆球的顶面为 Z 向 O 平面。

主要程序如下：

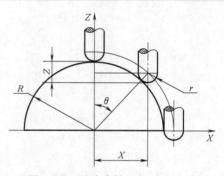

图4-60 用球头铣刀加工凸半球

```
O0001
S1000   M03
G90   G54   G00   Z100
G00   X0   Y0
Z3
#1＝0
WHILE［#1LE90］DO1
#2＝［R＋r］＊SIN［#1］
#3＝［R＋r］＊［1－COS［#1］］
G01   X#2   Y0   F300
G01   Z－#3   F100
G02   X#2   Y0   I－#2   J0   F300
#1＝#1＋1
END1
G00   Z100
M30
```

5）三轴联动的宏程序。一般的模具加工多为三维立体加工，掌握好变量的规律，同样可进行宏编程。实际上，在原二维平面加工的基础上再加上 Z 向的变量，即可实现三维立体加工。应值得注意的是，Z 向变量的取值大小将影响平面尺寸，所以必须精心计算。如图 4-61 所示，已知高 60mm，宽 40mm，上底与下底单边长差 $(100－80)$ mm/2＝10mm。

分析：取 300 层，X 方向每次单边缩小 10mm/300，开始点的单边缩小量#4＝0，Z 向每次提高 60mm/300，开始点的提高量#6＝0。原点定在左下角。

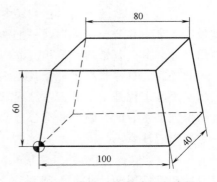

图 4-61　模具三轴联动的宏编程

主要程序如下：

```
N10   G54   G90   G00   X－10   Y0Z100
N20   M03   S1000
N30   #1＝300
N40   #4＝0
N50   #6＝0
N60   G01   Z#6   F200
N70   G00   X［－10＋#4］   Y0
N80   G42   X#4   Y0   D01
N90   X［100－#4］
```

```
N100    Y40
N110    X#4
N120    Y0
N130    G40   Y-10
N140    #6 = #6+60/#1
N150    #4 = #4+10/#1
N160    IF ［#6 LE 60］ GOTO 60
N170    G00   Z100
N180    M30
```

六、编程时应注意的问题

在编制数控铣削程序时，除了要求计算准确、程序代码及编制格式无误外，还有一些问题需要特别注意。

1. 零件尺寸公差对编程的影响

在用同一把铣刀、同一个刀具补偿值编程加工时，由于零件轮廓各处尺寸公差带不同，（见图4-62），所以很难同时保证各处尺寸在尺寸公差范围内。

这时一般采取的办法是：兼顾各处尺寸公差，在编程计算时，改变轮廓尺寸并移动公差带，改为对称公差，采用同一把铣刀和同一个刀具半径补偿值加工。如图4-62中括号内的尺寸，其公差带均做了相应改变，计算与编程时用括号内尺寸来进行。

此外，还有一些封闭尺寸（见图4-63），为了同时保证这三个孔的孔间距公差，直接按名义尺寸编程是不行的，在编程时必须通过尺寸链的计算，对原孔位尺寸进行适当的调整，保证加工后的孔距尺寸符合公差要求。实际生产中有许多与此相类似的情况，编程时一定要引起注意。

2. 圆弧参数计算误差对编程的影响

在按零件图样尺寸计算圆弧参数（圆弧终点、切点坐标，所在圆的圆心坐标）时，

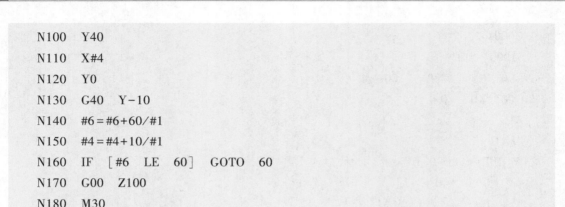

图4-62 零件尺寸公差带的调整

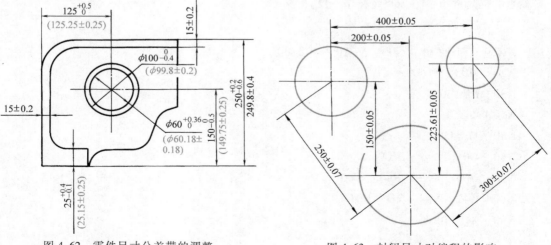

图4-63 封闭尺寸对编程的影响

会产生计算误差。特别是在两个圆或两个以上圆连续相切或相交时，会产生较大的误差积累，其结果会使圆心的坐标值 I、J 的误差增大（即：$\sqrt{I^2+J^2} \neq R$）。在图 4-64 中，圆 O_1 与圆 O_2 的切点 T_1 既是圆 O_1 的终点又是圆 O_2 的起点，圆 O_2 与圆 O_3 的切点 T_2 既是圆 O_2 的终点又是圆 O_3 的起点，在这种情况下极易产生较大的计算误差的积累，该积累误差量最终要反映在 I、J 值上。当 I、J 值误差超过一定限度时，数控系统会因找不到圆弧终点而报警。特别是当误差处于数控系统所允许的最大圆弧插补误差附近时（临界状态），常常会发生数控系统有时勉强能接受，有时又不予接受的情况，这样反而更危险，使隐患很难查找，极易造成铣坏工件。因此，在计算之后一定要注意复验 I、J 值的误差，一般应保证：$|\sqrt{I^2+J^2}-R| \leqslant$

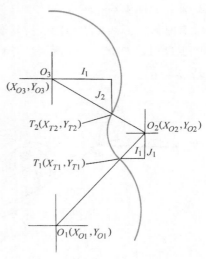

图 4-64　圆弧参数计算

$2\delta_允/3$（数控系统允许的最大圆弧插补误差）。如验证达不到上述要求时，可根据实际零件图形改动一下圆弧半径值或圆心坐标（在许可范围内）来解决。

3. 转接凹圆弧对编程的影响

对于直线轮廓所夹的凹圆弧来说，一般可由铣刀半径自然形成而不必走圆弧轨迹。但对于与圆弧相切或相交的转接凹圆弧，通常都用走圆弧轨迹的方法解决，如图 4-65 所示。由于这种转接凹圆弧一般都不大，选择铣刀直径时往往受其制约。此外，在实际加工中，也有可能为了保证其他轮廓的尺寸公差或用同一条程序进行粗、精加工而采取放大刀具半径补偿值的方法达到目的。但是，如果在编程计算时仍按图样给出的转接圆弧半径，那就可能使上述工作受到限制。其结

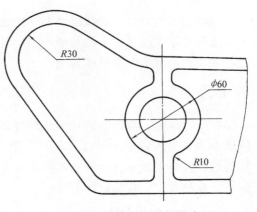

图 4-65　转接凹圆弧的影响

果是要么去选择更小直径的铣刀，要么将原来选好的铣刀磨小一点，而这样做既不方便也不经济，还有可能打乱原来的程序（如：行切宽度已定，铣刀改小后有可能留下覆盖不了的刀峰）。因此，最好的办法就是在编程计算时，把图样中最小的转接凹圆弧半径放大一些（在其加工允许范围内），如图 4-65 中的 $R10$，放大为 $R10.5$ 或 $R11$ 来进行计算，以扩大刀具半径补偿范围。当其半径较小时（如 $R5$），则可先按大圆弧半径来编程加工，再安排补加工（换小直径铣刀来完成）。

4. 尖角处使用过渡圆弧的问题

有时候，由于在用折线逼近曲线时没有注意到（或意想不到）其尖角是凸还是凹，尤其是在曲线拐点附近不太容易分辨，这时如在尖角处采用过渡圆弧编程就很容易产生过

切现象,如图 4-66a 所示。

有时候,因凸型尖角附近有轮廓限制,如铣刀直径过大,尖角处采用过渡圆弧编程也会产生过切,如图 4-66b 所示。遇到上述情况时,应放弃对此尖角处的过渡圆弧编程,改用其他方法。

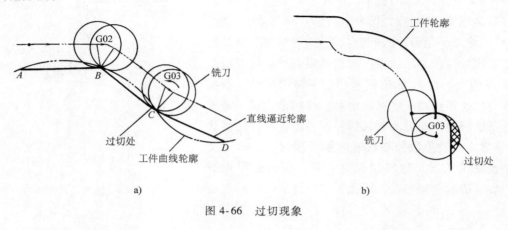

图 4-66 过切现象

第三节 图形的数学处理

平面铣削和由直线、圆弧组成的平面轮廓铣削的数学处理比较简单,非圆曲线、空间曲线和曲面的轮廓铣削加工的数学处理比较复杂。除了前面提到的基本方法以外,这里着重讨论几种铣削加工中常见的情况。

一、直线轮廓的图形处理

在实际工作中,常常会遇到零件图中某些部位,看起来是一条简单的直线轮廓,但由于铣削方法或工艺装备(如铣刀等)问题,会产生某些特殊情况。如直接按原图样尺寸计算与编程,加工结果将反而达不到设计要求,必须根据加工的具体条件进行数学处理。下面介绍几种常用的数学处理方法。

1. 两平行铣削平面的处理

两平行铣削平面的阶差小于底部转接圆弧半径时,如图 4-67 所示,M 和 N 是两平行铣削面,但其阶差 Δh 小于底部转接圆弧半径 r,此时若用面铣刀的底刃加工平面(图 4-67a 底刃铣削 N 面),按图中尺寸 l 编程,实际加工结果,只切削至 B 点而保证不了尺寸 l;若用面铣刀的侧刃加工平面(图 4-67b 侧刃铣削 N 面),也只能铣削至 B 点位置,也保证不了尺寸 l。所以,必须对图形进行偏移处理(或改变刀具运动轨迹),其方法如下:

对于上述平行铣削面,因阶差 Δh 为定值,很容易得到下列偏移计算公式:

1)当用面铣刀的底刃加工时,其偏移量为

$$\delta_{底} = r - \sqrt{r^2 - (r - \Delta h)^2}$$

此时 l 的编程计算尺寸为:$l - \delta_{底}$。

2)当用面铣刀的侧刃加工时,其偏移量为

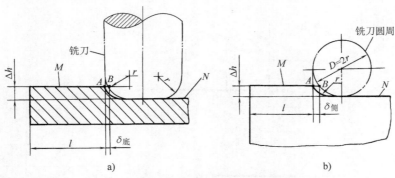

图 4-67　两平行底面阶差小于转接圆弧半径

a）底刃铣削 N 面　b）侧刃铣削 N 面

$$\delta_{侧} = D/2 - \sqrt{(D/2)^2 - (D/2 - \Delta h)^2}$$

此时 l 的编程计算尺寸为：$l - \delta_{侧}$。

2. 两相交铣削平面的处理

两相交铣削平面的阶差小于底部转接圆弧半径时，相交铣削面的情况比上述平行铣削面的情况要复杂一些，因为其阶差 Δh 不再是定值，而是变量。一般来说，当 r 较小而两面夹角也很小的情况下，在加工允差范围内按原图编程加工也是可以的。但当 r 较大而两面夹角也较大的情况下，若不进行适当的偏移处理，就会产生图 4-68a 所示的结果，加工后留下一块材料，达不到零件图样对轮廓形状的设计要求。若简单地根据上面提出的平行铣削面偏移公式计算偏移量 $\delta_{底}$，仅平移运动轨迹，进行编程加工的话，其结果就会产生图 4-68b 所示的情形，多铣去一块材料而造成零件轮廓被铣伤，达不到设计要求。

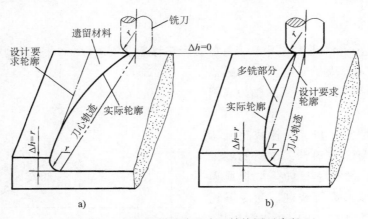

图 4-68　相交铣削面阶差小于转接圆弧半径

这时为了求解方便，在图 4-69 中，设较低的平面 N 为 XOY 平面，建立相对坐标系。设两相交平面在直线轮廓 AB 上的任一点的阶差为 Δh_i；铣刀底刃圆弧半径为 r（与零件图中要求一致）；Δh_i 从零变化至与 r 值相等时（当 $\Delta h_i \geqslant r$ 时就不必偏移）的直线长度为 l；实际编程时做偏移运动的轨迹上的动点 P 在阶差为 Δh_i 时的坐标为 $(X，Y)$。

从图 4-69 可以看出，为了加工出图样规定的直线轮廓 AB，铣刀必须按动点 $P(X，Y)$ 的轨迹运动。

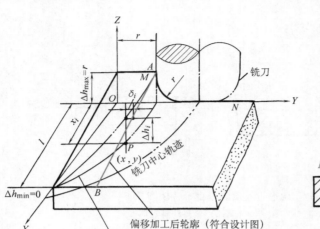

图 4-69 偏移运动轨迹图

由 $\qquad$ $\Delta h_i / r = (l - X) / l$

得 $\qquad$ $\Delta h_i = r(l - X) / l$

又 $\qquad$ $\delta_i = r - \sqrt{r^2 - (r - \Delta h_i)^2}$，$Y = r - \delta_i$

得 $\qquad$ $Y = \sqrt{r^2 - (r - \Delta h_i)^2}$

将 $\qquad$ $\Delta h_i = r(l - X) / l$

代入 $\qquad$ $Y = \sqrt{r^2 - (r - \Delta h_i)^2}$

即得动点 $P(X,\ Y)$ 的运动轨迹为

$$\frac{X^2}{l^2} + \frac{Y^2}{r^2} = 1$$

因此，在这一相对坐标系中，刀具的实际偏移运动轨迹为一个标准椭圆，其长轴为两相交铣削面之阶差从零变化至与底圆弧半径 r 相等时的线段长度，其短轴为底圆弧半径 r 的数值。

由于二轴半坐标和三坐标数控铣床只能进行直线与圆弧插补，也不能做三坐标圆弧运动，故通常只能采取折线逼近，做近似偏移来进行铣削。为保证逼近误差在允差范围内，事前应注意校核，一般可按下式求得最大逼近误差 Δ_{max}（见图 4-70）：

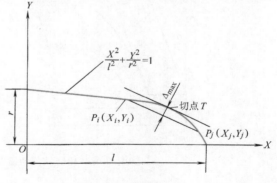

图 4-70 折线逼近误差

$$\Delta_{max} = \left| \frac{\sqrt{l^2 \Delta Y^2 + r^2 \Delta X^2} - |\Delta Y X_i| - |\Delta X Y_i|}{\sqrt{\Delta X^2 + \Delta Y^2}} \right|$$

式中 $\quad \Delta X = X_j - X_i$；

$\qquad \Delta Y = Y_j - Y_i$。

上述情况，对于五坐标数控铣床或具备椭圆子程序的控制系统来说就显得比较容易解决。即使采用计算机自动编程，这种情况下的图形预处理也是十分必要的。

当相交台阶面是曲面或轮廓线为曲线时，情况更趋复杂。最好的办法是将零件的底部转接圆弧 r 设计得小一些或对形成的轮廓线不做硬性规定和要求，由铣刀加工时自然形成。实际上，这样做一般不会影响强度、装配等使用性，而可减少编程与加工中的不少麻烦。关于这一点，设计人员往往不太重视，编程人员最好在工艺性审查时主动提出来，以便事先提请设计人员考虑。

3. 定斜角直线轮廓的处理

在实际生产中，常常遇到定斜角直线轮廓的加工，如某些零件的定斜角肋板（其斜角一般为模锻件的拔模斜角），其设计图样要求肋板高度呈线性变化，而其顶端厚度尺寸却不变（等厚或等宽）。如图 4-71 所示，其肋板高度从 A 点处的 h_A 变化至 B 点处的 h_B，但其顶端宽度尺寸 δ 不变。此时，如按图样轮廓中 AB 直线编程计算，则无论采用成形角度铣刀以二坐标联动加工还是采用面铣刀以四、五坐标摆角加工，均无法保持其顶端宽度尺寸 δ 不变。因此，必须对轮廓直线 AB 进行偏移处理，然后才能计算与编程。下面介绍用成形角度铣刀加工时的处理方法。

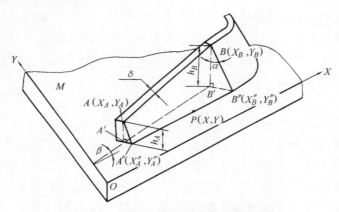

图 4-71　定斜角肋板的直线轮廓偏移

图 4-71 中，设：肋板 A 点处的高度为 h_A（一般均由图样给出），B 点处的高度为 h_B；肋板的斜角为 α；线段 AB 在平面 M 上的投影为 $A'B'$，其与 X 轴的夹角为 β；偏移后的运动轨迹为 $A''B''$。

为方便编程计算，通常以成形角度铣刀的底端圆周与工件接触的点 P 在 M 面上的运动轨迹作为偏移运动的轨迹（即图中的 $A''B''$ 直线段）。

其偏移方法及步骤如下：

1）按图样尺寸计算出 A、B 两点在编程坐标系中的坐标 A (X_A, Y_A) 和 B (X_B, Y_B)。

2）按 A、B 两点坐标建立其在 M 面上的投影 $A'B'$ 的直线方程并求出该直线与编程坐标系中 X 轴的夹角 β（有时图样已给出就不必进行）。

3）按肋板斜角 α 及 A、B 两点处的高度值 h_A 和 h_B 计算出 A'、B' 处的法向偏移量 $A'A''$ 和 $B'B''$，即：$A'A'' = h_A \tan\alpha$，$B'B'' = h_B \tan\alpha$。

4）将偏移量 $A'A''$ 及 $B'B''$ 按夹角 β 分解为编程坐标系中 X、Y 方向的分量 ΔX_A、ΔY_A

与 ΔX_B、ΔY_B（见图 4-72），其中，$\Delta X_A = A'A''\sin\beta$，$\Delta Y_A = A'A''\cos\beta$，$\Delta X_B = B'B''\sin\beta$，$\Delta Y_B = B'B''\cos\beta$；$A'$、$B'$ 分别是 A、B 两点在 XOY 面上的投影点。

5）计算偏移后的节点 A'' 与 B'' 在编程坐标系中绝对坐标值 $A''(X_A''$、$Y_A'')$ 与 $B''(X_B''$、$Y_B'')$。其中，$X_A'' = X_A \pm \Delta X_A$，$Y_A'' = Y_A \pm \Delta Y_A$，$X_B'' = X_B \pm \Delta X_B$，$Y_B'' = Y_B \pm \Delta Y_B$。上述各式中，"$\pm$"号视偏移方向而定，即沿 X、Y 轴正向偏移时取"+"号，负向偏移时取"$-$"号。

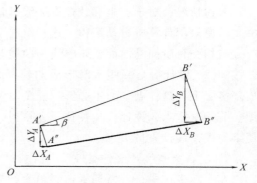

图 4-72 X、Y 方向的偏移分量

当上述步骤完成后，就可以按偏移后的节点 A'' 和 B'' 坐标及 $A''B''$ 直线轮廓编程了。如定斜角肋板底部有圆弧时，其方法也是一样，除了在肋板高度小于底圆弧 r 值的那一段要按前述的方法处理外，只要按与底部圆弧相切的交点来处理就可以。

二、曲面的数学处理

从编程的角度看，空间曲面可以分为解析曲面和列表曲面。解析曲面包括圆柱体、圆锥体、球体和二次曲面等可用方程表示的空间曲面。列表曲面则是由三维的列表点给出的空间曲面。对于列表轮廓，首先要确定曲面的数学模型，然后才可按解析表面那样进行编程的数值计算，或者用直线、圆弧逼近法来近似计算。

1. 数控铣削空间曲面的方法

数控铣床加工三坐标曲面零件时，常采用球头铣刀进行加工（见图 4-73a），一般只要使球头铣刀的球心 O 位于所加工曲面的等距面上，不论刀具路线如何安排，均能铣出所要求的几何形状。铣刀的有效切削刃角的范围大，可达 180°，因此可切削很陡的曲面。球头铣刀的半径 R 较小，刀具干涉的可能性小。但这种刀具的缺点是，切削速度随刀具与工件接触点的变化而变化，且球头铣刀端点的切削速度为零（见图 4-73b）。此外，圆弧铣刀也可用于三坐标数控加工曲面零件（见图 4-73c），这种铣刀具有切削速度变化范围小（$2\pi Rn$，n 为主轴转速，R 为刀具圆弧半径），有效切削刃较大（170°）等优点。但其缺点是前角 $\gamma_o = 0$、后角 α_o 很小，因此对切削性能有一定影响。三坐标数控加工时，球头铣刀或圆弧铣刀与被加工曲面切点的连线为一平面曲线，而刀具中心轨迹为一空间折

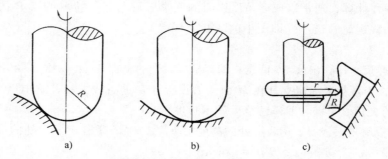

a)   b)   c)

图 4-73 球头铣刀与圆弧铣刀

线，所以数控铣床应是三联动的。如图 4-74b 所示，当刀具中心轨迹为一平面折线时，只需数控机床二坐标联动即可，一行加工完毕再在平面上移动一个行距 S，即二轴半数控加工。显然，这时刀具与被加工曲面的切点的连线为一空间曲线（见图 4-74a）。

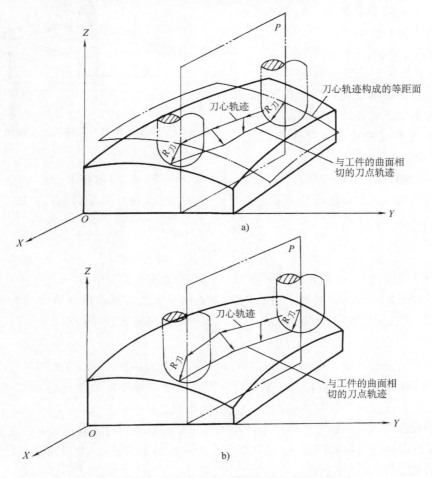

图 4-74 按球头铣刀刀心轨迹编程行切加工曲面

对于曲率变化较平缓的曲面零件，为编程方便，通常可按轮廓编程，而不采用刀具中心轨迹编程。如图4-75所示，用一组平行于 ZOY 坐标平面并垂直于 X 轴的假想平面 M_1、M_2…将曲面分割为若干条窄条片（其宽度即为行距 S），因其剖线均为平面曲线，只要用三坐标中的任意两坐标联动的数控铣床就可以加工出来（编程时分别对每条平面曲线进行直线或圆弧逼近），这样得到的曲面是由平面曲线群构成的。由于这种计算方法编程比较简单，所以经常被采用。

2. 确定行距与步长（插补段的长度）

由于空间曲面一般都采用行切法加工，故无论采用三坐标还是二坐标联动铣削，都必须计算或确定行距与步长。

（1）行距 S 的计算方法 由图4-76a可以看出，行距 S 的大小直接关系到加工后曲面上残留沟纹高度 h（图上为 CE）的大小，大了则表面粗糙度值大，无疑将增大钳修工作难度及零件加工最终精度。但 S 选得太小，虽然能提高加工精度，减少钳修困难，但程序太长，占机加工时间成倍增加，效率降低。因此，行距 S 的选择应力求做到恰到好处。

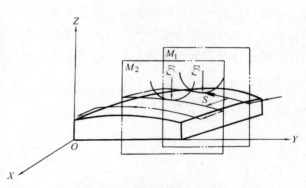

图 4-75 按零件轮廓编程行切加工曲面

一般来说，行距 S 的选择取决于铣刀半径 $r_刀$ 及所要求或允许的刀峰高度 h 和曲面的曲率变化情况。在计算时，可考虑用下列方法来进行：

取 A 点或 B 点的曲率半径作圆，近似求行距 S。

$S=2AD$，而 $AD=O_1F\cdot\rho/(\rho+r_刀)$，当球头铣刀半径 $r_刀$ 与曲面上曲率半径 ρ 相差较大，并且为达到一定的表面粗糙度要求及 h 较小时，可以取 O_1F 的近似值，即

$$O_1F=\sqrt{r_刀^2-(FC)^2}=\sqrt{r_刀^2-(FG-CG)^2}\approx\sqrt{r_刀^2-(r_刀-h)^2}$$

则行距 $$S=2\sqrt{h(2r_刀-h)}\rho/(\rho\pm r_刀)$$

上式中，当零件曲面在 AB 段内是凸时取正号，凹时取负号。

实际编程时，如果零件曲面上各点的曲率变化不太大，可取曲率最大处作为标准计算。有时为了避免曲率计算的麻烦，也不妨用下列近似公式来计算行距 S：

$$S\approx2\sqrt{2r_刀h}$$

如果从工艺角度考虑，在粗加工时，行距 S 可选得大一些，精加工时选得小一些。有时为了减少刀峰高度 h，也可以在原来的两行距之间（刀峰处）加密行切一次，即进行一次去刀峰处理，这样相当于将 S 减小一倍，实际效果更好些。

（2）确定步长 L　步长 L 的确定方法与平面轮廓曲线加工时步长的计算方法相同，取决于曲面的曲率半径与插补误差 $\delta_允$（其值应小于零件加工精度）。如设曲率半径为 ρ（见图 4-76b），则

$$L=2\sqrt{\delta_允(2\rho-\delta_允)}\approx2\sqrt{2\rho\delta_允}$$

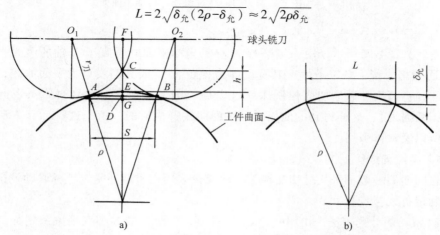

图 4-76　行距与步长的计算

实际应用时，可按曲率最大处做近似计算，然后用等插补段法编程，这样做要方便得多。此外，若能将曲面的曲率变化划分几个区域，也可以分区域确定步长，而各区域插补段长不相等，这对于在一个曲面上存在着若干个凸出或凹陷面（即曲面有突变区）的情况是十分必要的。由于空间曲面一般比较复杂，数据处理工作量大，涉及的许多计算工作是人工无法承担的，通常需用计算机进行处理，最好是自动编程。

第四节　典型零件的程序编制

一、平面凸轮的数控铣削工艺分析及程序编制

平面凸轮如图 4-77 所示。

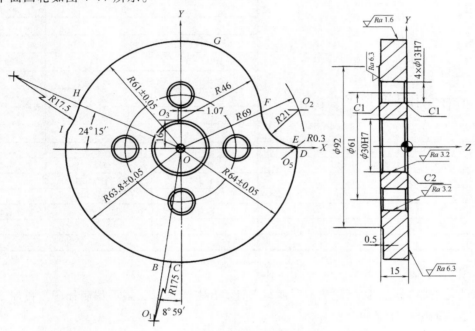

图 4-77　凸轮零件图

1. 工艺分析

从图上要求看出，凸轮曲线分别由几段圆弧组成，内孔为设计基准，其余表面包括 $4 \times \phi 13H7$ 孔均已加工。故取内孔和一个端面作为主要定位面，在连接孔 $\phi 13$ 的一个孔内增加削扁销，在端面上用螺母垫圈压紧。

因为孔是设计和定位的基准，所以对刀点选在孔中心线与端面的交点上，这样很容易确定刀具中心与零件的相对位置。

2. 加工调整

加工坐标系在 X 和 Y 方向上的位置在工作台中间，在 G53 坐标系中取 $X = -400$，$Y = -100$。Z 坐标可以按刀具长度和夹具、零件高度决定，如选用 $\phi 20mm$ 的立铣刀，零件上端面为 Z 向坐标零点，该点在 G53 坐标系中的位置为 $Z = -80$ 处，将上述三个数值设置

到 G54 加工坐标系中。加工工序卡见表 4-10。

表 4-10 数控加工工序卡

数控加工工序卡	零件图号	零件名称	文件编号	第 页
	NC01	凸轮		共 页
	工序号	工序名称		材料
	50	铣周边轮廓		45
	加工车间	设备型号		
		XK5032		
	主程序名	子程序名		加工原点
	O100			G54
	刀具半径补偿	刀具长度补偿		
	H01 = 10	0		

工步号	工步内容	工	装
1	数控铣周边轮廓	夹具	刀具
		定心夹具	立铣刀 $\phi20$
		更改标记	更改单号	更改者/日期

工艺员	校对	审定	批准

3. 数学处理

该凸轮的轮廓均由圆弧组成，因而只要计算出基点坐标，就可编制程序。在加工坐标系中，各点的坐标计算如下：

BC 弧的中心 O_1 点：$X = -(175+63.8)\sin8°59' = -37.28$

$$Y = -(175+63.8)\cos8°59' = -235.86$$

EF 弧的中心 O_2 点：$\left.\begin{array}{l} X^2+Y^2=69^2 \\ (X-64)^2+Y^2=21^2 \end{array}\right\}$ 联立

解之得 $\qquad X=65.75,\ Y=20.93$

HI 弧的中心 O_4 点：$X = -(175+61)\cos24°15' = -215.18$

$$Y = (175+61)\sin24°15' = 96.93$$

DE 弧的中心 O_5 点：$\left.\begin{array}{l} X^2+Y^2=63.7^2 \\ (X-65.75)^2+(Y-20.93)^2=21.30^2 \end{array}\right\}$ 联立

解之得 $\qquad X=63.70,\ Y=-0.27$

B 点：$\qquad X = -63.8\sin8°59' = -9.96$

$$Y = -63.8\cos8°59' = -63.02$$

C 点：
$$\left.\begin{array}{l} X^2 + Y^2 = 64^2 \\ (X+37.28)^2 + (Y+235.86)^2 = 175^2 \end{array}\right\} 联立$$

解之得　　　$X = -5.57$，$Y = -63.76$

D 点：
$$\left.\begin{array}{l} (X-63.70)^2 + (Y+0.27)^2 = 0.3^2 \\ X^2 + Y^2 = 64^2 \end{array}\right\} 联立$$

解之得　　　$X = 63.99$，$Y = -0.28$

E 点：
$$\left.\begin{array}{l} (X-63.7)^2 + (Y+0.27)^2 = 0.3^2 \\ (X-65.75)^2 + (Y-20.93)^2 = 21^2 \end{array}\right\} 联立$$

解之得　　　$X = 63.72$，$Y = 0.03$

F 点：
$$\left.\begin{array}{l} (X+1.07)^2 + (Y-16)^2 = 46^2 \\ (X-65.75)^2 + (Y-20.93)^2 = 21^2 \end{array}\right\} 联立$$

解之得　　　$X = 44.79$，$Y = 19.60$

G 点：
$$\left.\begin{array}{l} (X+1.07)^2 + (Y-16)^2 = 46^2 \\ X^2 + Y^2 = 61^2 \end{array}\right\} 联立$$

解之得　　　$X = 14.79$，$Y = 59.18$

H 点：
$$X = -61\cos24°15' = -55.62$$
$$Y = 61\sin24°15' = 25.05$$

I 点：
$$\left.\begin{array}{l} X^2 + Y^2 = 63.80^2 \\ (X+215.18)^2 + (Y-96.93)^2 = 175^2 \end{array}\right\} 联立$$

解之得　　　$X = -63.02$，$Y = 9.97$

根据上面的数值计算，可画出凸轮加工走刀路线图，如图 4-78 所示。

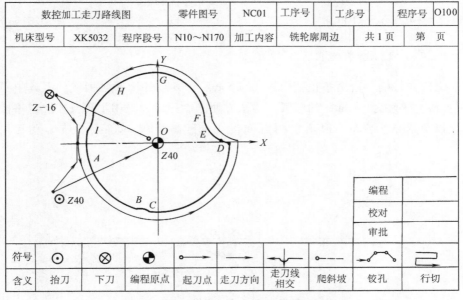

数控加工走刀路线图			零件图号	NC01	工序号		工步号		程序号	O100
机床型号	XK5032	程序段号		N10～N170	加工内容		铣轮廓周边	共 1 页		第　页

编程	
校对	
审批	

符号	⊙	⊗	◔	•→	→	⌄	•‑‑→	⌒	▱
含义	抬刀	下刀	编程原点	起刀点	走刀方向	走刀线相交	爬斜坡	铰孔	行切

图 4-78　数控加工走刀路线图

4. 编写加工程序

凸轮加工的程序及程序说明如下：

N10	G54	X0	Y0	Z40			进入加工坐标系
N20	G90	G00	G17	X−73.8	Y20		由起刀点到加工开始点
N30	G00	Z0					下刀至零件上表面
N40	G01	Z−16	F200				下刀至零件下表面以下1mm
N50	G42	G01	X−63.8	Y10	F80	H01	开始刀具半径补偿
N60	G01	X−63.8	Y0				切入零件至 A 点
N70	G03	X−9.96	Y−63.02	R63.8			切削 AB
N80	G02	X−5.57	Y−63.76	R175			切削 BC
N90	G03	X63.99	Y−0.28	R64			切削 CD
N100	G03	X63.72	Y0.03	R0.3			切削 DE
N110	G02	X44.79	Y19.6	R21			切削 EF
N120	G03	X14.79	Y59.18	R46			切削 FG
N130	G03	X−55.26	Y25.05	R61			切削 GH
N140	G02	X−63.02	Y9.97	R175			切削 HI
N150	G03	X−63.80	Y0	R63.8			切削 IA
N160	G01	X−63.80	Y−10				切削零件
N170	G01	G40	X−73.8	Y−20			取消刀具补偿
N180	G00	Z40					Z 向抬刀
N190	G00	X0	Y0	M02			返回加工坐标系原点,结束

参数设置：

H01 = 10；

G54：X = −400，Y = −100，Z = −80。

二、应用宏功能指令加工空间曲线

有一空间曲线槽，由两条正弦曲线 $Y = 35\sin X$ 和 $Z = 5\sin X$ 叠加而成，刀具中心轨迹如图4-79所示。槽底为 $r = 5$mm 的圆弧。为了方便编制程序，采用粗微分方法忽略插补误差来加工。以角度 X 为变量，取相邻两点间的 X 向距离相等，间距为 $0.5°$，然后用正弦曲

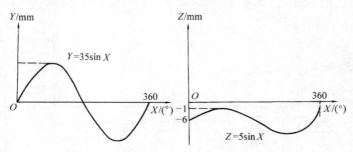

图 4-79　正弦曲线 $Y = 35\sin X$ 和 $Z = 5\sin X$

线方程 $Y=35\sin X$ 和 $Z=5\sin X$ 分别计算出各点对应的 Y 值和 Z 值，进行空间直线插补，以空间直线来逼近空间曲线。加工时采用球头铣刀（$r=5\text{mm}$）在一平面实体零件上铣削出这一空间曲线槽。加工坐标系设置如图 4-80 所示。

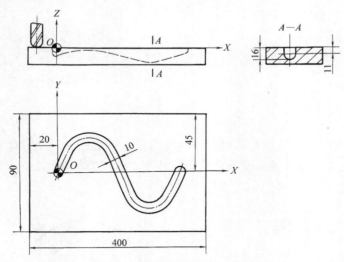

图 4-80　曲线槽的加工坐标系

程序如下：

O0005	主程序
N10　G54　G90　G00　X0　Y0　Z50	进入加工坐标系
N20　M03　S2500	主轴旋转
N30　G00　Z5	Z 向下刀
N40　#130=0	Z 向初值=0
N50　G01　Z0	下刀至零件表面
N60　M98　P30004	调用子程序 O0004 三次
N70　G00　Z50	抬刀
N80　M30	主程序结束
O0004	子程序
N10　#500=2	Z 向每次切入量为 2mm
N20　#100=0	X 初始值#100=0
N30　G91　G01　Z-#500　F100	Z 向切入零件
N40　#130=#130+[-#500]	#130=#130+（-#500）
N50　#100=#100+0.5	X 当前值#100=#100+0.5
N60　#110=35*SIN[#100]	Y 当前值#110=35sinX
N70　#120=5*SIN[#100]	Z=5sinX 数值

```
N80    #140＝#130+#120            Z 当前值#140＝#130+#120
N90    G90  G01  X#100  Y#110  Z#140    切削空间直线
N100   IF ［#100  LE 360］  GOTO 50    终点判别
N110   G91  Z15                     抬刀
N120   G90  X0  Y0                  回加工原点
N130   G91  G01  Z-15  F200          下刀
N140   M99                          子程序结束
```

三、圆柱凸轮零件的数控加工

图 4-81 所示的圆柱凸轮是常见的一种圆柱凸轮。一般来说，这种凸轮制造精度要求较高，其槽内的光顺性也有较高要求。采用四轴联动 XK5032 型数控铣床加工。

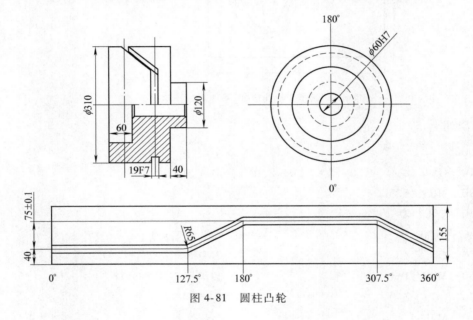

图 4-81 圆柱凸轮

1. 加工工艺过程

加工工艺过程如下：

1）毛坯成形。

2）热处理：调质。

3）车：外圆、内孔及端面。

4）磨：端面及定位孔。

5）数控铣：粗铣凹槽。

6）数控铣：精铣凹槽。

7）钳修：轨迹光整。

8）表面热处理：渗碳淬火。

9）成品。

2. 选择铣刀

上述加工方法，因无法引入刀具半径补偿，通常只能按铣刀中心轨迹编程，所以凸轮凹槽轨迹的槽宽尺寸（19F7）加工精度主要取决于铣刀直径制造精度及机床主轴径向跳动量等。对于粗加工铣刀直径无特殊要求，槽的精加工单面余量控制在 0.25～0.5mm 之间。精加工铣刀最好是特制。

3. 凸轮凹槽轨迹编程

因该凸轮加工精度要求较高，总导程75mm，需消除机床的反向间隙，才能保证加工质量。采用反向进给法，先将刀具从原点出发，向 X 进给的反方向走一位移，再向进给方向运动，以达到对机床反向间隙的消除。

该凸轮的程序按铣刀中心轨迹编制，$R65mm$ 的圆弧采用插值法进行计算编程。根据最大外圆直径310mm处的凸轮展开图，采用二维绘图软件，找出 $R65mm$ 的圆弧处的 X 轴与 A 轴的关系，如取 A 轴1°为间隔，其对应的 X 轴的位移量可以在其展开图中找出，编制出程序如下：

```
O300
G59   G90   G01   X0   Y0   Z30   A0   F1000
M03   S300
A-10
A20   Z3
Z-15   F50
G01   A121.624
X-0.056   A122.624
X-0.225   A123.624
X-0.508   A124.624
X-0.906   A125.624
X-1.422   A126.624
X-2.057   A127.624
X-2.817   A128.624
X-3.705   A129.624
X-4.727   A130.624
X-5.891   A131.624
X-7.199   A132.624
X-7.55   A132.87
X-67.45   A174.723
X-68.801   A175.723
X-70   A176.723
X-71.057   A177.723
X-71.977   A178.723
X-72.768   A179.723
```

```
X-73.434    A180.723
X-73.978    A181.723
X-74.405    A182.723
X-74.716    A183.723
X-74.913    A184.723
X-74.997    A185.723
X-75    A185.97
X-75    A301.624
X-74.944    A302.624
X-74.775    A303.624
X-74.492    A304.624
X-74.094    A305.624
X-73.578    A306.624
X-72.943    A307.624
X-72.183    A308.624
X-71.295    A309.624
X-70.273    A310.624
X-69.109    A311.624
X-67.796    A312.624
X-67.45    A312.87
X-7.55    A354.723
X-6.199    A355.723
X-5    A356.723
X-3.943    A357.723
X-3.023    A358.723
X-2.232    A359.723
X-1.566    A360.723
X-1.022    A361.723
X-0.595    A362.723
X-0.284    A363.723
X-0.087    A364.723
X-0.003    A365.723
X0    A365.97
A390
G0    Z30
M30
%
```

四、壳体零件的程序编制

下面举一壳体加工编程实例,壳体零件工序简图如图 4-82 所示。

壳体零件加工要求是:铣削上表面,保证尺寸 $60^{+0.2}_{0}$;铣槽宽 $10^{+0.10}_{0}$;槽深要求为 $6^{+0.1}_{0}$;加工 4×M10-7H 孔。该零件加工工艺卡见表 4-11,刀具卡见表 4-12。加工程序如下 (FANUC-6M 系统立式加工中心):

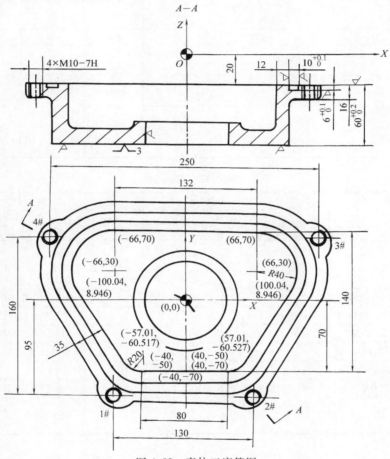

图 4-82 壳体工序简图

表 4-11 加工工艺卡片

零件号				零件名称	壳体		材料		HT300	
程序编号				机床型号	JCS—018		制表		日期	
工序内容	顺序号 (N)	加工面	刀具号 (T)	刀具种类	刀具长度	主轴转速 n/(r/min)	进给速度 v_f /(mm/min)	刀具补偿 (D、H)	备注	
铣平面			T1	不重磨硬质合金端铣刀盘 φ80mm		280	56	D1	长度补偿	
								D21	半径补偿	

（续）

零件号		零件名称	壳体	材料		HT300
程序编号		机床型号	JCS—018	制表		日期

工序内容	顺序号（N）	加工面	刀具号（T）	刀具种类	刀具长度	主轴转速 n/（r/min）	进给速度 v_f /（mm/min）	刀具补偿（D、H）	备注
钻 4×M10 中心孔			T2	φ3mm 中心钻		1000	100	D2	长度补偿
钻 4×M10 底孔 定槽 10 中心位置			T3	高速钢 φ8.5mm 钻头		S500	50	D3	长度补偿
螺纹口倒角			T4	φ18mm 钻头（90°）		500	50	D4	长度补偿
攻螺纹 4×M10 （P = 1.5mm）			T5	M10×1.5 丝锥		60	90	D5	长度补偿
铣槽 10			T6	φ10mm+0.03mm 高速钢立铣刀		300	30	D6	长度补偿
								D26	半径补偿作位置偏置用 D26 = 17

表 4-12 刀具卡

机床型号	JCS—018	零件号		程序编号			制表		日期

刀具号（T）	刀柄型号	刀具型号	刀具 直径/mm	刀具 长度	工序号	刀具补偿	备注
T1	JT57-XD	不重磨硬质合金端铣刀盘	φ80			D1	长度补偿
						D21	刀具半径补偿
T2	JT57-Z13×90	中心钻	φ3			D2	长度补偿。带自紧钻夹头
T3	JT57-Z13×45	高速钢钻夹头	φ8.3			D3	长度补偿。带自紧钻夹头
T4	JT57-M2	……（90°）	φ18			D4	长度补偿。带自紧钻夹头
T5	JT57-GM3-12	丝锥	M10×1.5			D5	长度补偿。带自紧钻头
	GT3-12M10						
T6	JT57-Q2×90	高速钢立铣刀	$φ10^{+0.03}_{0}$			D6	长度补偿。带自紧钻夹头
	HQ2φ10					D26	D26 = 17.0 刀补作位置偏置用

```
O0002
N10   T01   M06                        换刀,选 T01
N20   G90   G54   G00   X0   Y0         进入加工坐标系
N40   G43   Z0   D1                     设置刀具长度补偿
N50   S280   M03                        主轴起动
N55   G01   Z-20.0   F40
N60   G01   Y70.0   G41   D21   F56     设置刀具半径补偿
N70   M98   P0100                       调铣槽子程序铣平面
N80   G40   Y0                          取消刀具补偿
N90   G28   Z0   M06                    Z 轴返回参考点换刀
```

N100	G00	X-65.0	Y-95.0	T02		到 1#,选 T02

```
N100   G00   X-65.0   Y-95.0   T02          到 1#,选 T02
N110   G43   Z0   D2   F100                  设置刀具长度补偿
N120   S1000   M03                           主轴起动
N130   G99   G81   Z-24.0   R-17.0           钻 1#中心孔
N140   M98   P0200                           调用子程序,钻 2#、3#、4#中
                                             心孔
N150   G80   G28   G40   Z0   M06            返回换刀
N160   G43   Z0   D3   F50   T03             设置刀具长度补偿,选 T03
N170   S500   M03                            主轴起动
N180   G99   G81   X0   Y87.0   Z-25.5   R-17.0   定槽上端中心位置
N190   X-65.0   Y-95.0   Z-40.0             钻 1#底孔
N200   M98   P0200                           调用子程序,钻 2#、3#、4#底孔
N210   G80   G28   G40   Z0   M06            返回换刀
N220   G43   Z0   D4   M03   T04             设置刀具长度补偿,选 T04
N230   G99   G82   X-65.0   Y-95.0   Z-26.0
       R-17.0   P500                         1#孔倒角
N240   M98   P0200                           调用子程序,2#、3#、4#孔倒角
N250   G80   G28   G40   Z0   M06            返回换刀
N260   G43   Z0   D5   F90   T05             设置刀具长度补偿,选 T05
N270   S60   M03                             主轴起动
N280   G99   G84   X-65.0   Y-95.0   Z-40.0
       R-10.0                                1#攻螺纹
N290   M98   P0200                           调用子程序,2#、3#、4#攻螺纹
N300   G80   G28   G40   Z0   M06            返回换刀
N310   X-0.5   Y150.0   T06                  到铣槽起始点,选 T06
N320   G41   D26   Y70.0                      设置刀具半径补偿
N330   G43   Z0   D6                         设置刀具长度补偿
N340   S300   M03                            主轴起动
N350   X0                                    到 X0 点
N360   G01   Z-26.05   F30                   下刀
N370   M98   P0100                           调铣槽子程序铣槽
N380   G28   G40   Z0   M06                  返回换刀
N390   G28   X0   Y0                         回机床零点
N400   M30                                   结束
```

铣槽子程序:

```
O0100
N10   X66.0   Y70.0
```

```
N20    G02    X100.04    Y8.946    I0    J-40.0          切削右上方 R40mm 圆弧
N30    G01    X57.010    Y-60.527
N40    G02    X40.0    Y-70.0    I-17.010    J10.527        切削右下方 R20mm 圆弧
N50    G01    X-40.0
N60    G02    X-57.010    Y-60.527    I0    J20.0           切削左下方 R20mm 圆弧
N70    G01    X-100.04    Y8.946
N80    G02    X-66.0    Y70.0    I34.04    J21.054          切削左上方 R40mm 圆弧
N90    G01    X0.5
N100    M99
```

2#、3#、4#孔定位子程序：

```
O0200
N1    X65.0                                               2#孔位
N2    X125.0    Y65.0                                     3#孔位
N3    X-125.0                                             4#孔位
N4    M99
```

设置 D21 = 0，D26 = 17。

SIEMENS 802D 编程格式如下：

程序名：200. MPF

```
N10    T01    M06                                  换刀，选 T01
N20    G90    G54    G00    X0    Y0                进入加工坐标系
N40    G43    Z0    D1                              设置刀具长度补偿
N50    S280    M03                                  主轴转
N60    G01    Z-20    F50
N70    G01    Y70    G41    D21    F56              设置刀具半径补偿
N80    L100    P1                                   调铣槽子程序铣平面
N90    G40    Y0                                    取消刀具补偿
N100    G53    D0    Z0    M06                       Z 轴返回参考点换刀
N110    G54    G00    X-65.0    Y-95.0    T02        到 1#孔位，选 T02
N120    G43    Z0    D2    F100                      设置刀具长度补偿
N130    S1000    M03                                主轴转
N140    R101 = 0    R102 = -17    R103 = -20    R104 = -24
N150    LCYC82                                      钻 1#中心孔
N160    L200    P1                                   调用子程序，钻2#、3#、4#中心孔
N165    M05
N170    G53    D0    Z0    M06                       Z 轴返回参考点换刀
```

N180	G54	G43	D3	X0	Y87.0	T03	F50	设置刀具长度补偿,选 T03

N190　S500　M03　　　　　　　　　　　　　　　主轴转

N200　R101＝0　R102＝−17　R103＝−20　R104＝−25.5

N210　LCYC82　　　　　　　　　　　　　　　　　定槽上端中心位置

N220　X−65.0　Y−95.0

N230　R101＝0　R102＝−17　R103＝−20　R104＝−40

N240　LCYC82　　　　　　　　　　　　　　　　　钻 1#底孔

N250　L200　P1　　　　　　　　　　　　　　　　调用子程序,钻 2#、3#、4#
　　　　　　　　　　　　　　　　　　　　　　　　底孔

N255　M05

N260　G53　G80　D0　Z0　M06　　　　　　　　Z 轴返回参考点换刀

N270　G43　G54　D4　Z0　T04　F50　　　　　　设置刀具长度补偿,选 T04

N280　G00　X−65.0　Y−95.0

N290　S500　M03

N300　R101＝0　R102＝−17　R103＝−20
　　　　R104＝−26　LCYC82　　　　　　　　　　1#孔倒角

N310　L200　P1　　　　　　　　　　　　　　　　调用子程序,钻 2#、3#、4#
　　　　　　　　　　　　　　　　　　　　　　　　孔倒角

N315　M05　　　　　　　　　　　　　　　　　　　Z 轴返回参考点换刀

N320　G53　G80　D0　Z0　M06　　　　　　　　Z 轴返回参考点换刀

N330　G54　D5　Z0　T05　　　　　　　　　　　设置刀具长度补偿,选 T05

N340　G00　X−65.0　Y−95.0

N350　S60　M03

N355　R101＝0　R102＝−17　R103＝0　R104＝−40
　　　　R106＝1.5　R112＝60　R113＝500
　　　　LCYC84　　　　　　　　　　　　　　　　1#孔,攻螺纹

N360　L200　P1　　　　　　　　　　　　　　　　调用子程序,钻 2#、3#、4#
　　　　　　　　　　　　　　　　　　　　　　　　孔,攻螺纹

N365　M05

N370　G53　G80　D0　Z0　M06　　　　　　　　Z 轴返回参考点换刀

N380　G54　X−0.5　Y150.0　T06　　　　　　　选 T06

N390　G41　D26　Y70.0　　　　　　　　　　　　设置刀具半径补偿

N400　G43　D6　Z0　　　　　　　　　　　　　　设置刀具长度补偿

N410　S300　M03

N420　X0

N430　G01　Z−26.05　F30

N440　L100　P1　　　　　　　　　　　　　　　　调铣槽子程序铣槽

N450	G74	G40	D0	Z0	M06	Z轴返回参考点换刀
N460	X0	Y0				
N470	M30					

铣槽子程序：

L100. SPF				
N10	X66.0	Y70.0		
N20	G02	X100.04	Y8.946	CR=40	切削右上方 R40mm 圆弧
N30	G01	X57.010	Y-60.527	
N40	G02	X40.0	Y-70.0	CR=20	切削右下方 R20mm 圆弧
N50	G01	X-40.0		
N60	G02	X-57.01	Y-60.527	CR=20	切削左下方 R20mm 圆弧
N70	G01	X-100.04	Y8.946	
N80	G02	X-66.0	Y70.0	CR=40	切削左上方 R40mm 圆弧
N90	G01	X0.5		
N100	M17			

2#、3#、4#孔定位子程序：

L200. SPF			
N1	X65.0		2#孔位
N2	X125.0	Y65.0	3#孔位
N3	X-125.0		4#孔位
N4	M17		

练习与思考题

4-1 数控铣削适用于哪些加工场合？

4-2 被加工零件轮廓上的内转角尺寸是指哪些尺寸？为何要尽量统一？

4-3 在 FANUC 0i-MB 系统中，G53 与 G54~G59 的含义是什么？它们之间有何关系？

4-4 如果已在 G53 坐标系中设置了如下两个坐标系：

G57：X=-40，Y=-40，Z=-20

G58：X=-80，Y=-80，Z=-40

试用坐标简图表示出来，并写出刀具中心从 G53 坐标系的零点运动到 G57 坐标系零点，再到 G58 坐标系零点的程序段。

4-5 数控铣削加工空间曲面的方法主要有哪些？哪种方法常被采用？其原理如何？

4-6 什么叫行距？它的大小取决于什么？

4-7 什么叫步长？计算时如何考虑？

4-8 加工中心的编程与数控铣床的编程主要有何区别？

4-9 宏程序的功能是什么？宏程序变量有哪些？

4-10 在图 4-83 所示的零件上，钻削 5 个 φ10mm 的孔。试选用合适的刀具，并编写加工程序。

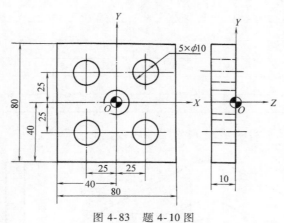

图 4-83 题 4-10 图

4-11 加工图 4-84 所示的偏心轮。试分析加工工艺，并编写数控加工程序。凸轮的厚度为 20mm。

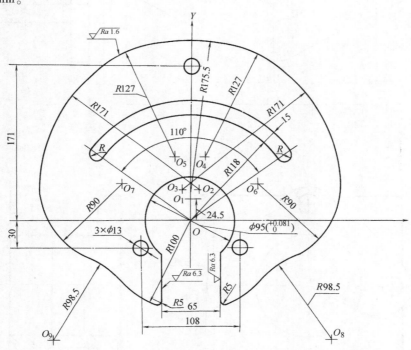

图 4-84 题 4-11 图

坐 标 圆 心	X	Y
O_1	0	24.5
O_2	9	34.5
O_3	-9	34.5
O_4	17.204	69.846

（续）

坐标 圆心	X	Y
O_5	-17.204	69.846
O_6	71.67	41.468
O_7	-71.67	41.468
O_8	150	-130
O_9	-150	-130

4-12 编程练习：编写图4-85所示零件的数控加工程序。

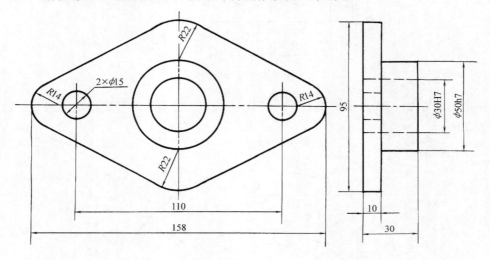

a)

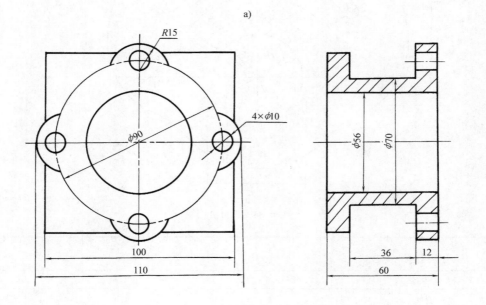

b)

图4-85 题4-12图

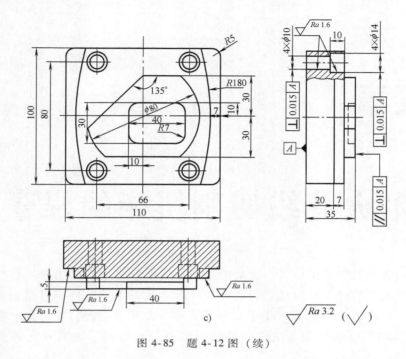

图 4-85 题 4-12 图（续）

4-13 已知圆环点阵孔群 $Z = 30\text{mm}$、$R = 50\text{mm}$、$N = 6$（参见图 4-52），请编制通过调用宏程序加工的主程序。

第五章

数控电火花线切割机床的程序编制

数控电火花线切割机床利用电蚀加工原理，采用金属导线（钼丝）作为工具电极切割工件。机床配有电子计算机进行数字程序控制，能按加工要求自动切割任意角度的直线和圆弧。这类机床主要适用于切割淬火钢、硬质合金等特殊金属材料，加工一般金属切削机床难以正常加工的细缝槽或形状复杂的零件，在模具行业的应用尤为广泛。

第一节　编程前的工艺准备

一、数控电火花线切割机床简介

1. 机床的基本组成

数控电火花线切割机床由工作台、走丝机构、供液系统、脉冲电源和控制系统（控制柜）等五大部分组成（见图 5-1）。

（1）工作台　工作台又称切割台，由工作台面、中拖板和下拖板组成。工作台面用以安装夹具和被切割工件，中拖板和下拖板分别由步进电动机拖动，通过齿轮变速及滚珠丝杠传动，完成工作台面的纵向和横向运动。工作台面的纵、横向移动都可以通过手动或自动进行控制。

（2）走丝机构　走丝机构主要由储丝筒、走丝电动机、丝架和导轮等部件组成。储丝筒安装在储丝筒拖板

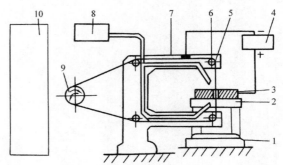

图 5-1　电火花线切割加工示意图

1—工作台　2—夹具　3—工件　4—脉冲电源　5—电极丝
6—导轮　7—丝架　8—工作液箱　9—储丝筒　10—控制柜

上，由走丝电动机通过联轴器带动，正反向旋转。储丝筒的正反向旋转运动通过齿轮同时

170

传给储丝筒拖板的丝杠，使拖板做往复运动。丝架分上丝架和下丝架，用来安装导轮，调节导轮的位置。钼丝安装在导轮和储丝筒上，开动走丝电动机，钼丝以一定的速度做往复运动，即走丝运动。如果上丝架带有十字拖板，则通过一对步进电动机，可带动十字拖板，进而使导轮产生前后、左右的移动，与工作台拖板的运动有机配合，可加工出具有锥度的零件。

（3）供液系统　供液系统为机床的切割加工提供足够、合适的工作液。线切割加工中应用的工作液种类很多，有煤油、乳化液、去离子水、蒸馏水、洗涤液、酒精等，应根据具体条件加以选用。工作液的主要作用是：①对放电通道的压缩作用；②对电极工件和切屑的冷却作用；③对放电区的消电离作用；④对放电产物的清除作用。

（4）脉冲电源　脉冲电源就是产生脉冲电流的能源装置。电火花线切割脉冲电源是影响线切割加工工艺指标最关键的设备之一。为了满足切割加工条件和工艺指标，对脉冲电源有以下要求：①脉冲峰值电流要适当；②脉冲宽度要窄；③脉冲频率要尽量高；④有利于减少钼丝损耗；⑤参数调节方便，适应性强。

脉冲电源的种类很多。按电路主要部件划分，有晶体管式、晶闸管式、电子管式、RC 式和晶体管控制 RC 式；按放电脉冲波形划分，有方波、方波加刷形波、馒头波、前阶梯波、锯齿波、分组脉冲等。

（5）控制系统　机床的控制系统存放于控制柜中，对整个切割加工过程和切割轨迹做数字程序控制。

2. 机床的工作过程

首先，操作者将切割工件的数控程序编制好（可以是手工编程，也可以是计算机自动编程），通过键盘（或通信接口）输入机床的控制柜，经图像模拟检验，确认程序正确（否则对程序进行必要的修改），即可开始切割加工。

将工件正确装夹在工作台面上，脉冲电源的正极接工件，负极接工具电极（钼丝）。在控制系统的控制下，钼丝以一定的速度往返运动，它不断地进入和离开放电区域；供液系统在钼丝与工件之间浇注液体介质（工作液）；工作台带着工件按照数控程序的指令做纵向和横向的运动。只要有效地控制钼丝相对于工件运动的轨迹和速度，就能切割出一定形状和尺寸的工件。

3. 机床和系统的主要技术指标

目前国内使用的数控线切割机床品种繁多，控制系统也不尽相同。但它们的组成部分和工作原理是基本一致的，只是具体的技术指标有所不同，系统的功能有强有弱。图 5-2所示为上海第八机床厂生产的 DK7732 型数控电火花线切割机床。该机床在一般的线切割机床基础上增加了间隙补偿功能和锥度补偿功能，能方便地切割出不同间隙要求的凹模和凸模，根据要求切割出锥度。钼丝采用快速走丝，并配有高频晶体管脉冲电源。工作台拖板导轨及储丝筒拖板导轨均采用滚柱导轨形式，移动灵活、轻巧；工作台的纵、横向移动丝杠均采用精密的滚珠丝杠，由步进电动机带动。该机床具有切割速度快、加工精度高等特点。

（1）机床主要技术参数

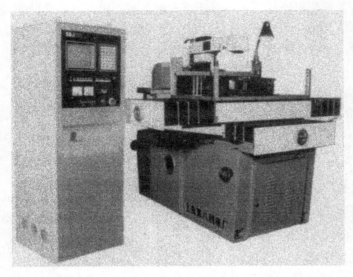
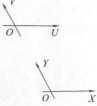

图 5-2 DK7732 型数控电火花线切割机床

工作台行程

横向	320mm
纵向	500mm
工作台尺寸（长×宽）	800mm×500mm
加工工件的最大内腔尺寸（长×宽×高）	480mm×300mm×200mm
切割工件的最大厚度	200mm
加工圆弧的最大曲率半径	2000mm
切割锥度范围	0°~3°
最大切割锥度（工件厚 500mm 时）	3°
储丝筒的最大往复行程	150mm
加工精度	±5μm
加工表面的表面粗糙度值	$Ra<2.5μm$
电极丝（钼丝）直径	0.15~0.30mm
最大走丝速度	约等于 9m/s
切割速度	$>2.5~50mm^2/min$
最大补偿量	999μm
机床消耗总功率	1.5kW
工作液规格	5%~10%皂化油水溶液
机床外形尺寸（长×宽×高）	1750mm×1659mm×1550mm
机床质量	2300kg

（2）系统主要技术指标及功能 该系统采用 SBUCUT-4 微型计算机线切割机床控制系

统，可同时控制 X、Y、U、V 四轴进行锥度切割。系统采用圆弧、直线两种插补方式，控制精度为 $\pm1\mu m$，最大圆弧控制半径为 10m，最大锥度为 $\pm4°$。

步进电动机分配方式为三相六拍，脉冲当量为 $1\mu m$。

采用中文人机对话式自动编程语言及 "3B" 或 "4B" 格式数控线切割语言。

可实现图像模拟检验和切割加工时的轨迹跟踪。

可将输入控制系统的 "3B" 指令，或自动编程源程序翻译成 "4B" 格式的加工指令，制成控制介质。

可以通过键盘输入及录音磁带输入数控程序，也可以将数控程序转储至录音磁带上或利用微型打印机打印输出。

本系统能自动进行间隙补偿，还能按任意缩放系数进行缩放切割。

具有钼丝自动回直和校直功能。

具有自动对中心功能。

具有自动故障报警功能。

可手动控制工作台沿 $\pm X$、$\pm Y$ 方向移动。

切割时若发生短路，可控制机床沿原路回退。

切割时若发生断丝，可移动到预先设置的穿丝点，或回到原点，重新穿丝后，再继续加工。

断电后，可再次起动，继续进行切割加工。

4. 机床坐标系

与其他数控机床一致，数控线切割机床坐标系符合国家标准：①刀具（钼丝）相对于静止的工件运动；②采用右手笛卡儿坐标系。当面对数控线切割机床时，钼丝相对于工件的左右运动（实际为工作台面的纵向运动）为 X 坐标运动，且运动正方向指向右方；钼丝相对于工件的前后运动（实际为工作台面的横向运动）为 Y 坐标运动，且运动正方向指向后方（见图 5-2）。在整个切割加工过程中，钼丝始终垂直贯穿工件，不需要描述钼丝相对于工件在垂直方向的运动。所以，Z 坐标省去不用。坐标原点就是切割加工的开始点。

当机床进行锥度切割时，上丝架上的十字拖板将做前后、左右移动，这是平行于 X 轴和 Y 轴的另一组坐标运动，称为附加坐标运动。其中平行于 X 轴的左右移动为 U 坐标运动，平行于 Y 轴的前后移动为 V 坐标运动。X、Y、U、V 四个坐标运动的有机配合，就能加工出具有各种锥度要求的工件来。

二、数控线切割编程中的工艺处理

数控加工工艺相比普通机械加工工艺有其不同之处，而数控线切割加工工艺相比数控车、铣等加工工艺又有其自己的特点。因此，在设计零件的数控线切割加工工艺时，必须兼顾数控和线切割两方面的特点和要求。

1. 偏移量 f 的确定

编程时首先要确定钼丝中心运动轨迹与切割轨迹（即所得工件轮廓线，加工凸模类零件时如图 5-3a 所示，加工凹模类零件时如图 5-3b 所示）之间的偏移量 f，f 为钼丝半径

和单边放电间隙之和（见图5-4），即

$$f=\frac{1}{2}d+z \tag{5-1}$$

式中　d——钼丝直径；

　　　z——单边放电间隙。

放电间隙 z 与工件的材料、结构、走丝速度、钼丝的张紧情况、导轮的运行状态、工作液种类、供液状况及清洁程度、加工的脉冲电源电压、脉宽、间隔等情况有关。一般可以根据脉冲参数与放电间隙关系的基本规律估算出放电间隙。采用快速走丝，在加工电压等于 $60\sim80V$ 时，$z=0.01\sim0.02mm$。

偏移量 f 的准确与否，将直接影响工件加工的尺寸精度。对加工精度要求比较高的工件，放电间隙往往需要通过切割一正方形试件后实测得到。

2. 取件位置、切割路线走向及起点的选择

在电火花线切割加工中，常常出现预定切割轨迹与加工后图形不一致的工件变形现象，它严重影响着工件的加工精度。造成工件变形的主要原因在于，线切割前工件存在内应力，线切割后工件内应力重新分布。为了避免或减少工件材料内部组织及内应力对加工变形的影响，必须考虑工件在坯料中的取出位置，合理选择切割路线的走向和起点。

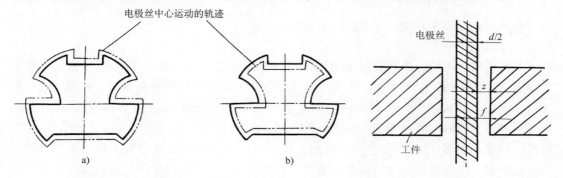

图 5-3　电极丝切割运动轨迹与图样的关系　　　图 5-4　电极丝直径与放电间隙
a）加工凸模类零件时　b）加工凹模类零件时

例如在切割热处理性能较差的材料时，若工件取自坯料的边缘处（见图5-5a），则变形较大；若工件取自坯料的里侧（见图5-5b），则变形较小。所以，为保证加工精度，必须限制取件位置。

切割路线的走向和起点选择不当，也会严重影响工件的加工精度。如图5-6所示，加工程序引入点为 A，起点为 a，则切割路线走向可有：

1）$A \rightarrow a \rightarrow b \rightarrow c \rightarrow d \rightarrow e \rightarrow f \rightarrow a \rightarrow A$。

2）$A \rightarrow a \rightarrow f \rightarrow e \rightarrow d \rightarrow c \rightarrow b \rightarrow a \rightarrow A$。

如选第二条路线加工，加工至 f 点后的工件刚度就很低了，很容易产生变形而破坏加工精度；如选第一条路线加工，则可在整个加工过程中保持较好的工件刚度，加工变形小。一般情况下，合理的切割路线应是工件与其夹持部分分离的切割段安排在总切割程序的末端。

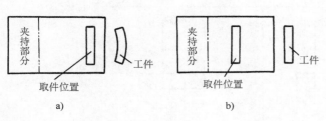

图 5-5　取件位置对工件精度的影响

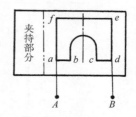

图 5-6　切割路线走向及起点
对加工精度的影响

若加工程序引入点为 B，起点为 d，则不论选哪条路线加工，其切割精度都会受到材料变形的影响。

切割过程中的边切割边夹持也是用来减少工件变形的方法之一。

程序起点，一般也是切割的终点。由于加工过程中存在各种工艺因素的影响，钼丝返回到起点时必然存在重复位置误差，造成加工痕迹，使精度和外观质量下降。为了避免或减小加工痕迹，程序起点应按下述原则选定：

1）被切割工件各表面的表面粗糙度要求不同时，应在表面粗糙度要求较低的面上选择起点。

2）工件各表面的表面粗糙度要求相同时，则尽量在截面图形的相交点上选择起点。当图形上有若干个相交点时，尽量选择相交角较小的交点作为起点。当各交角相同时，起点的优先选择顺序是：直线与直线的交点、直线与圆弧的交点、圆弧与圆弧的交点。

3）对于各切割面既无技术要求的差异又没有型面交点的工件，程序起点尽量选择在便于钳工修复的位置上。例如，外轮廓的平面、半径大的弧面，要避免选择在凹入部分的平面或圆弧上。

3. 钼丝切割轨迹的确定

钼丝切割轨迹应选在工件尺寸公差的什么位置上，可分成以下三种情况来考虑：

1）直接加工零件时，应使钼丝切割轨迹通过公差带中心（见图 5-7），按照工件尺寸性质不同，编程尺寸（D_A、d_A、L_A）也不相同。

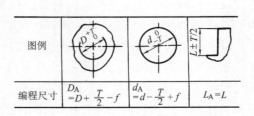

图 5-7　切割轨迹通过公差带
中心时的编程尺寸

图例	$D+T\atop 0$	$d\atop -T$	$L\pm T/2$
编程尺寸	$D_A\\=D+\dfrac{T}{2}-f$	$d_A\\=d-\dfrac{T}{2}+f$	$L_A=L$

2）加工冷冲模的凹、凸模具时，为了延长模具的使用寿命应使切割轨迹偏离公差带中心（见图 5-8），按加工情况不同，其编程尺寸的计算也不同。

3）当线切割需分粗、精两次完成，或者需要对线切割表面进行后续其他加工工艺时，就要求粗加工时为精加工（或后继加工）留有一定余量，即需加大偏移量 f 值。故粗加工时的偏移量为

$$f=\frac{1}{2}d+z+\Delta \qquad\qquad (5\text{-}2)$$

式中　d——钼丝直径；

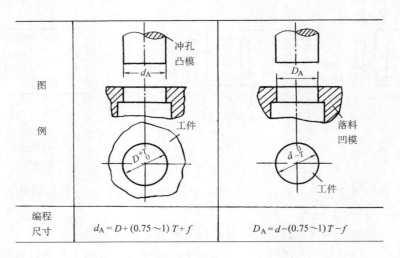

图例		
	冲孔凸模 d_A 工件 D^{+T}_0	D_A 落料凹模 d^0_{-T} 工件
编程尺寸	$d_A = D + (0.75 \sim 1)\,T + f$	$D_A = d - (0.75 \sim 1)\,T - f$

图 5-8 冷冲模的编程尺寸

z——单边放电间隙；

Δ——精加工（或后继加工）余量。

在电火花线切割中，切去的金属越多，越容易造成工件材料的残余变形。所以在精密电火花线切割加工中，经常使用电火花线切割预加工法（即粗、精二次切割法）。预加工法可以最大限度地减小工件材料在线切割时的残余变形，且粗、精加工可在同一机床上一次装夹找正后完成；缺点是预加工周期较长。精加工余量可留得又小又均匀。高速走丝时，余量在 0.5mm 之内；低速走丝余量可更小一些。

4. 零件定位方式的确定与夹具选择

（1）适当的定位方式可以简化编程工作 工件在机床工作台上的位置影响工件轮廓线的方位，从而影响各基点坐标的计算过程和结果。图 5-9 所示的工件，当 α 角为 0°、45°、90°等特殊角值时，各基点的计算就比较简单，也不易出错（对手工编程而言）。

（2）夹具对编程的影响 采用合适的夹具，或可以简化编程，或可用一般编程方法使加工范围扩大。如用固定分度夹具，用同一程序段可以加工零件的多个回转图形（对手工编程而言），这就简化了手工编程工作。又如采用自动回转卡盘，变原来的直角坐标系为极坐标系，可用切斜线的程序加工出近似的阿基米德螺旋面；还可以用适当的夹具，加工出导轮的沟槽、样板的椭圆线和双曲线等，有效地扩大了线切割机床的使用范围。

5. 辅助程序的规划

辅助程序一般有以下几种：

（1）引入程序 在线切割加工中，引入点（见图 5-6 中之 A 点）通常不能与程序起点（见图 5-6 中之 a 点）重合，这就需要一段从引入点切割至程序起点的引入程序。对凹模类封闭形工件的加工，引入点必须选在材料实体之内。这就需要在切割前预制工艺孔（即穿丝孔），以便穿丝。

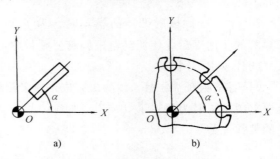

图 5-9 工件定位对编程的影响

对凸模类工件的加工，引入点可以选在材料实体之外，这时就不必预制穿丝孔。但有时也有必要把引入点选在实体之内而预制穿丝孔，这是因为坯件材料在切断时，会在很大程度上破坏材料内部应力的平衡状态，造成工件材料的变形，影响加工精度，严重时甚至造成夹丝、断丝，使切割无法进行。当采用穿丝孔时，可以使工件坯料保持完整，避免可能出现的麻烦，如图 5-10 所示。

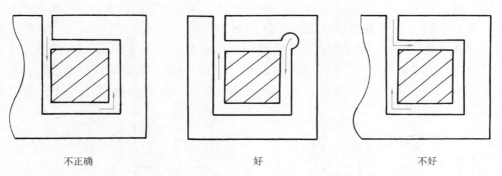

不正确　　　　　　　　　好　　　　　　　　　不好

图 5-10　切割凸模时加工穿丝孔与否的比较

为了控制加工过程中的材料变形，应合理选择引入点（穿丝孔位置）和引入程序。例如，对于窄沟加工引入点的选择，图 5-11a 所示穿丝孔位置容易引起切缝变形和接刀痕迹，容易夹断钼丝；图 5-11b 所示穿丝孔位置的选择比较合理。对于对称加工，多次穿丝切割的工件引入点的位置选择如图 5-12 所示。

此外，引入点应尽量靠近程序的起点，以缩短切割时间。当用穿丝孔作为加工基准时，其位置还必须考虑运算和编程的方便。在锥度切割加工中，引入程序直接影响着钼丝的倾斜方向，引入点的位置不能定错。

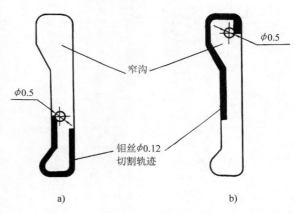

图 5-11　窄沟穿丝孔位置的选择
a）不正确　b）正确

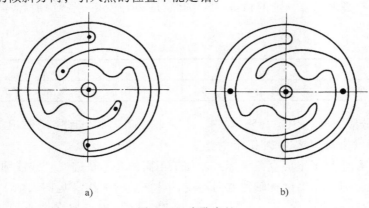

图 5-12　多孔穿丝
a）不正确　b）正确

（2）切出程序 有时工件轮廓切完之后，钼丝还需沿切入路线反向切出（见图5-13）。这是因为，如果材料的变形使切口闭合，当钼丝切至边缘时，会因材料的变形而卡断钼丝。这时应在切出过程中，增加一段保护钼丝的切出程序（见图5-13中的A'—A''）。A'点距工件边缘的距离，应根据变形力的大小而定，一般为1mm左右。A'—A''斜度可取1/3 ~ 1/4。

（3）超切程序和回退程序 钼丝是一种柔软体，加工时受放电压力、工作液压力等的作用，其工作段会发生挠曲，造成加工区间的钼丝滞后于上、下支点一个距离（见图5-14a）。这样就会抹去工件轮廓的清角，影响加工质量（见图5-14b）。为了避免抹去清角，可增加一段超切程序。如图5-14b中的A—A'段，使钼丝切割的最大滞后点到达程序基点A，然后再辅加A'点返回A点的回退程序A'—A，接着再执行原程序，便可割出清角。

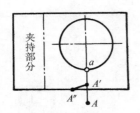

图 5-13 切出程序

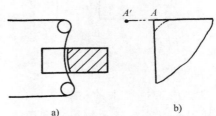

a)   b)

图 5-14 加工时钼丝挠曲及其影响

第二节 手工编制程序

一、3B 指令编程

3B 指令用于不具备间隙补偿功能和锥度补偿功能的数控线切割机床的程序编制。程序描述的是钼丝中心的运动轨迹，它与钼丝切割轨迹（即所得工件的轮廓线）之间差一个偏移量f，这一点在轨迹计算时必须特别注意。

1. 程序编制的基本规则

1）程序编制必须符合一定的格式。3B 指令是一种使用分隔符的程序段格式，见表5-1。

表 5-1 3B 指令格式

B	X	B	Y	B	J	G	Z
分隔符	X坐标值	分隔符	Y坐标值	分隔符	计数长度	计数方向	加工指令

表中 B 为分隔符号，用来分隔 X、Y、J 三个数码。每个程序段使用三次分隔符 B，故称为 3B 程序段格式，或 3B 加工指令。

2）坐标系采用 XOY 平面直角坐标系。加工不同的基本轨迹（直线或圆弧）时，应取不同的坐标原点，但 X、Y 坐标轴的方向不变，只是坐标平移（见图5-15）。加工斜线 ab 时，坐标原点取在斜线的起点 a；加工圆弧 bc 时，坐标原点取在圆心 O_1；加工直线 cd

时，坐标原点又应取在直线的起点 c。

3）数码 X、Y 分别表示 X、Y 方向的坐标值，不带正负号，取绝对值。加工圆弧时，X、Y 为圆弧起点的坐标值；加工斜线时，X、Y 为斜线终点的坐标值。

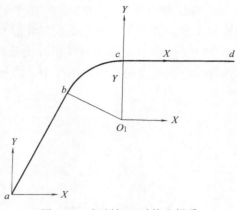

图 5-15 切割加工时的坐标系

4）选取 X 拖板方向进给总长度来进行计数的称为计 X，用 GX 表示；选取 Y 拖板方向进给总长度来进行计数的称为计 Y，用 GY 表示。为了保证加工精度，必须正确选择计数方向。如图 5-16a 所示，当被加工的斜线在阴影区域内，计数方向取 GY，否则取 GX。如图 5-16b 所示，当圆弧的加工终点落在阴影部分，计数方向取 GX，否则取 GY。

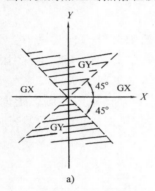

a)

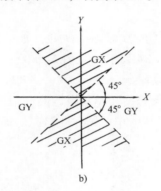

b)

图 5-16 计数方向选择

5）数码 J 表示某一个加工轨迹从起点到终点在计数方向上拖板移动的总距离，称为计数长度。换句话说，计数长度就是被加工圆弧（或直线）在计数方向上投影长度的总和。图 5-17 说明了计数长度的计算。

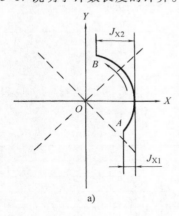

a)

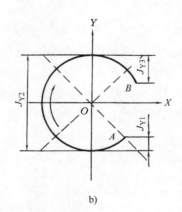

b)

图 5-17 圆弧计数长度计算

a）取 GX，计算长度 $J = J_{X1} + J_{X2}$ b）取 GY，计算长度 $J = J_{Y1} + J_{Y2} + J_{Y3}$

6）X、Y、J 数值均以 μm 为单位。程序编制的计算误差应小于 1μm。

7）加工指令 Z 共有 16 种，如图 5-18 所示，它表示了被加工圆弧（或直线）的性质。当被加工的斜线在 Ⅰ、Ⅱ、Ⅲ、Ⅳ 象限时，分别用 L1、L2、L3、L4 表示（见图 5-18a）。对于平行于坐标轴方向的直线段，为了区别于一般的斜线，把它称为直线，根据进给方向，直线加工指令的选择按图 5-18d 的规定，且此时程序中应取 X = Y = 0。

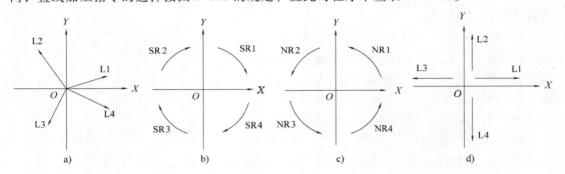

图 5-18 加工指令

当被加工的圆弧在 Ⅰ、Ⅱ、Ⅲ、Ⅳ 象限，加工按顺时针方向运动时，分别用 SR1、SR2、SR3、SR4 表示（见图 5-18b）；当被加工的圆弧在 Ⅰ、Ⅱ、Ⅲ、Ⅳ 象限，加工按逆时针方向运动时，分别用 NR1、NR2、NR3、NR4 表示（见图 5-18c）。

圆弧可能跨越几个象限，此时加工指令应由起点所在的象限和圆弧走向来决定。例如，加工图5-17a 中的圆弧 AB 时，加工指令为 NR4；加工图5-17b 中的圆弧 AB 时，加工指令为 SR4。

2. 编程实例

例 1　在数控线切割机床上加工图 5-19 所示的样板，其轮廓为 abcdefg，机床脉冲当量为 0.001mm/脉冲，机床不具有间隙补偿功能，试编制其程序。

解：首先确定偏移量 f，用直径 0.12mm 的钼丝加工，放电间隙取经验值 z = 0.01mm，所以 f = (d/2) + z = 0.07mm。钼丝中心运动轨迹为图

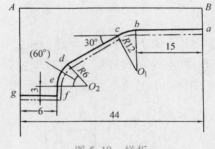

图 5-19 样板

5-19中细双点画线所示。根据上述编程规则就可编写出样板的加工程序（见表5-2）。表中 D 为停机码，供整个工件加工完毕后发"停机"命令用。

表 5-2　样板的加工程序

序　　号	程序段	X	Y	J	G	Z
1	a→b	B 0	B 0	B 15000	GX	L3
2	b→c	B 0	B 11930	B 5965	GX	NR2
3	c→d	B 14000	B 8080	B 14000	GX	L3
4	d→e	B 2965	B 5136	B 5136	GY	NR2
5	e→f	B 0	B 0	B 3070	GY	L4
6	f→g	B 0	B 0	B 6070	GX	L3
	D					

例 2　在数控线切割机床上加工图 5-20 所示的凹模，凹模未注圆角半径均为 1mm，暂不考虑切割锥度，机床脉冲当量为 0.001mm/脉冲，机床不具有间隙补偿功能，试编制其程序。

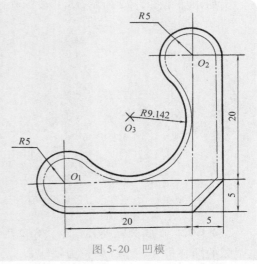

图 5-20　凹模

解：确定偏移量 f，用直径 0.15mm 的钼丝加工，放电间隙取经验值 $z = 0.014mm$，所以 $f = 0.089mm$。选择圆弧中心 O_1 为引入点（穿丝孔位置），O_1 点为程序起点，钼丝中心运动轨迹如图 5-20 中细双点画线所示，根据编程规则可编写出凹模的加工程序如下：

000	B0	B0	B4911	GY	L4
001	B0	B0	B19586	GX	L1
002	B0	B911	B644	GX	NR4
003	B4414	B4414	B4414	GY	L1
004	B144	B144	B144	GY	NR4
005	B0	B0	B19586	GY	L2
006	B4911	B0	B13295	GX	NR1
007	B6527	B6527	B18463	GY	SR1
008	B3473	B3473	B13295	GY	NR2
009	B0	B0	B4911	GY	L2
010	D				

二、ISO 代码数控程序编制

我国快速走丝数控电火花切割机床常用的 ISO 代码指令，与国际上使用的标准基本一致。常用的指令包括运动指令、坐标方式指令、坐标系指令、补偿指令、M 代码、镜像指令、锥度指令、坐标指令和其他指令等。

1. 运动指令

（1）G00 快速定位指令　在线切割机床不放电的情况下，使指定的某轴快速移动到指定位置。编程格式为：

G00 X~ Y~

例如，图 5-21 所示 $A \rightarrow B$ 的程序为"G00　X60000　Y80000"。

（2）G01 直线插补指令　编程格式为：

G01 X~ Y~ （U~ V~）

该指令用于线切割机床在各个坐标平面内加工任意斜率的直线轮廓和用直线逼近曲线轮廓。

例如，加工图 5-22 所示 AB 线段的程序段为：G92 X40000 Y20000

G01 X80000 Y60000

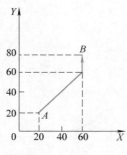

图 5-21　快速定位

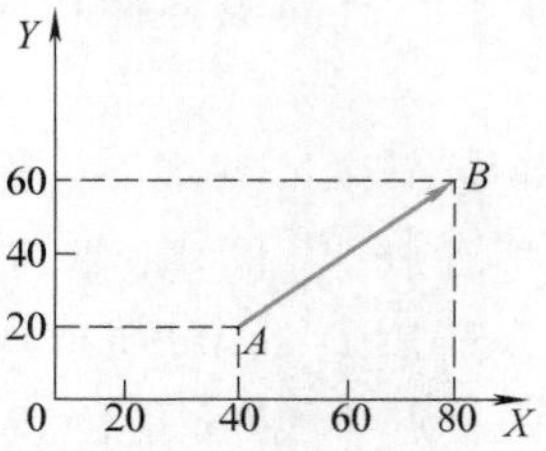

图 5-22　直线插补

（3）G02、G03 圆弧插补指令　G02 为顺时针加工圆弧的插补指令；G03 为逆时针加工圆弧的插补指令。编程格式为：

G02 X~ Y~ I~ J~

或 G03 X~ Y~ I~ J~

其中　X、Y——表示圆弧终点坐标；

　　　I、J——表示圆心坐标，是圆心相对圆弧起点的增量值，I 是 X 方向坐标增量值，

　　　　　　J 是 Y 方向坐标增量值。

例如，图 5-23 所示轮廓加工程序为：

G92 X10000 Y10000

G02 X30000 Y30000 I20000 J0

G03 X45000 Y15000 I15000 J0

2. 坐标方式指令

G90 为绝对坐标指令。该指令表示程序段中的编程尺寸是按绝对坐标给定的。

G91 为增量坐标指令。该指令表示程序段中的编程尺寸是按增量坐标给定的，即坐标值均以前一个坐标作为起点来计算下一点的位置值。

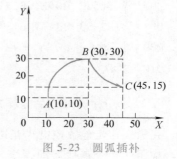

图 5-23　圆弧插补

3. 坐标系指令

坐标系指令见表 5-3。

表 5-3　坐标系指令

G92	加工坐标系设置指令
G54	加工坐标系 1
G55	加工坐标系 2
G56	加工坐标系 3
G57	加工坐标系 4
G58	加工坐标系 5
G59	加工坐标系 6

其中，G92 为常用加工坐标系设置指令。编程格式为：

G92 X~ Y~

例如，加工图 5-24 所示零件（电极丝直径与放电间隙忽略不计）。

（1）用 G90 编程 加工程序如下：

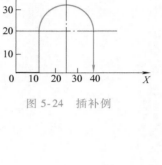

图 5-24 插补例

P1   程序名
N01 G92 X0 Y0   确定加工程序起点，设置加工坐标系
N02 G01 X10000 Y0
N03 G01 X10000 Y20000
N04 G02 X40000 Y20000 I15000 J0
N05 G01 X40000 Y0
N06 G01 X0 Y0
N07 M02   程序结束

（2）用 G91 编程 加工程序如下：

P2   程序名
N01 G92 X0 Y0
N02 G91   表示以后的坐标值均为增量坐标
N03 G01 X10000 Y0
N04 G01 X0 Y20000
N05 G02 X30000 Y0 I15000 J0
N06 G01 X0 Y-20000
N07 G01 X-40000 Y0
N08 M02

4. 补偿指令

补偿指令见表 5-4。

表 5-4 补偿指令

G40	取消间隙补偿
G41	左偏间隙补偿，D 表示偏移量
G42	右偏间隙补偿，D 表示偏移量

G40、G41、G42 为间隙补偿指令。

G41 为左偏间隙补偿指令。编程格式为：

G41 D~

其中 D——偏移量（补偿距离），确定方法与半径补偿方法相同，如图 5-25a 和图 5-26a
    所示。一般数控线切割机床偏移量 ΔR 为 0~0.5mm。

G42 为右偏间隙补偿指令。编程格式为：

G42 D~

其中 D——偏移量（补偿距离），确定方法与半径补偿方法相同，如图 5-25b 和图 5-26b
    所示。一般数控线切割机床偏移量 ΔR 为 0~0.5mm。

G40 为取消间隙补偿指令。编程格式为：

G40（单列一行）

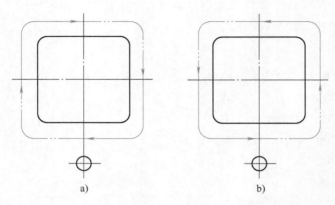

图 5-25　凸模加工间隙补偿指令的确定

a）G41 加工　b）G42 加工

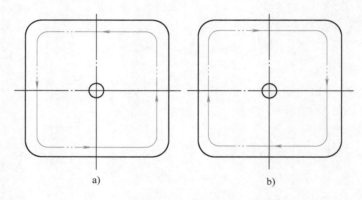

图 5-26　凹模加工间隙补偿指令的确定

a）G41 加工　b）G42 加工

5. M 代码

M 代码为系统辅助功能指令，常用 M 代码见表 5-5。

表 5-5　M 代码

M00	程序暂停
M02	程序结束
M05	接触感知解除
M96	主程序调用子程序
M97	主程序调用子程序结束

调用子程序编程格式为：

M96 程序名（程序名后加 "."）

6. 镜像指令

常用镜像指令见表 5-6，详情参见机床说明书。

表 5-6　镜像指令

G05	X 轴镜像
G06	Y 轴镜像
G07	X、Y 轴交换
G08	X 轴镜像,Y 轴镜像
G09	X 轴镜像,X、Y 轴交换
G10	Y 轴镜像,X、Y 轴交换
G11	Y 轴镜像,X 轴镜像,X、Y 轴交换
G12	消除镜像

7. 锥度指令

常用锥度功能指令见表 5-7,详情参见机床说明书。

表 5-7　锥度指令

G50	消除锥度
G51	锥度左偏,A 为角度值
G52	锥度右偏,A 为角度值

8. 坐标指令

常用坐标指令见表 5-8,详情参见机床说明书。

表 5-8　坐标指令

W	下导轮到工作台面高度
H	工件厚度
S	工作台面到上导轮高度

第三节　自动编制程序

随着 CAD/CAM 技术的不断发展,数控电火花线切割机床 CAD/CAM 自动编程系统得到广泛的应用,常见的有 YH、KS、AUTOP、CAXA、SCAM 等线切割编程系统。SCAM 线切割编程系统是 CAD/CAM 一体化系统,既可编制快走丝线切割加工程序,也可编制慢走丝线切割加工程序。下面以 SCAM 系统为例,介绍线切割自动编程的方法。

在 CNC 主画面下按<F8>键,进入线切割自动编程系统 SCAM ,屏幕显示如图 5-27 所示。

1. CAD 绘图功能

在 SCAM 主菜单画面下按<F1>功能键,即进入 CAD 绘图功能 (见图 5-28),系统提供较方便的绘图以及编辑功能,同时具有齿轮、阿螺线绘制功能,也可通过 DXF/DWG 接口直接读入 DXF/DWG 文件,并可把该零件图转换成加工路径状态 (指定穿丝点、切入点、切割方向等)。

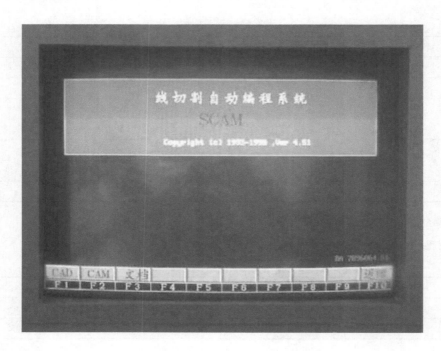

图 5-27 SCAM 系统屏幕

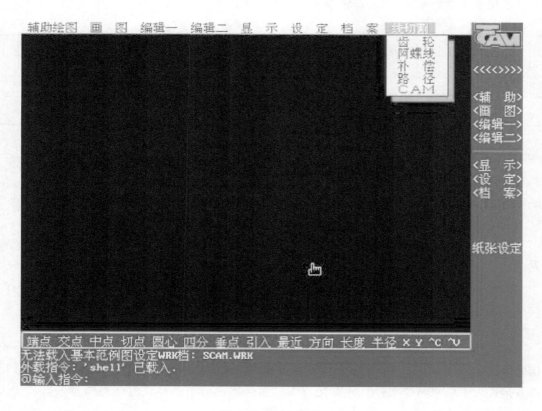

图 5-28 CAD 屏幕

在 CAD 下拉菜单中，选取"线切割"功能即会出现"补偿""路径"等选项。

（1）补偿 即对线切割轨迹进行电极丝直径和放电间隙补偿。

当生成 3B 格式的代码时，须对切割的轨迹进行补偿；当生成 ISO 格式的代码时，可以用 G41/G42 来进行补偿，也可在此进行补偿。

选取"线切割"下的"补偿"选项，在屏幕的底部出现提示"补偿值＝:"，输入补偿值并按回车键后，屏幕出现提示"请选择图形:"，这时，用鼠标在屏幕上用两定点形成一个窗口将要进行补偿的图形全部框起来。接着屏幕又出现提示"补偿方向点:"，这时只要用鼠标在所要切割图形的外部或内部选取一点即可，当切割凸模时补偿方向点应在图形的外部，切割凹模时补偿方向点应在图形的内部。

（2）路径 即对切割图形进行路径指定。

选取"线切割"下的"路径"选项，在屏幕的底部出现提示"请用鼠标或键盘指定穿丝点:"，输入一个切割的始点，即穿丝点，可以从键盘上输入点的坐标。输入起始点后，屏幕下接着出现提示"请用鼠标或键盘指定切入点:"，这时输入从穿丝点开始切割到达图形上的一点，可键盘输入或鼠标定取。输入完后在屏幕底部出现提示"请用鼠标或键盘指定切割方向:"，切割方向点要定在切入边上。

2. CAM 系统参数

在 SCAM 主菜单画面下按<F2>键即进入 CAM 画面，如图 5-29 所示。

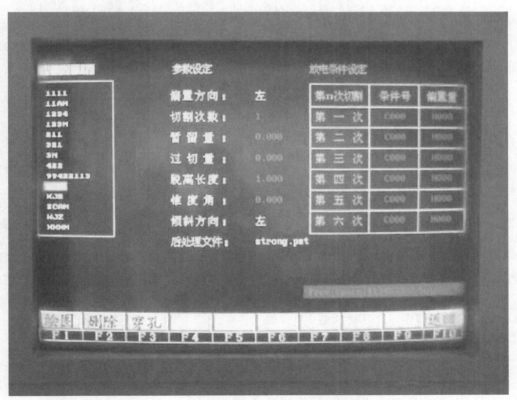

图 5-29 CAM 画面

CAM 画面的参数分成三栏：图形文件选择、参数设定和放电条件设定。

（1）图形文件选择 图形文件选择栏显示当前目录下所有的图形文件名。可以通过↑、↓光标键选择要生成加工程序的图形文件，然后按回车键，这时光标自动移到参数设定栏。

（2）参数设定

1）偏置方向。指补偿方向，有左补偿和右补偿。通过↑、↓光标键移动光标，用空格键进行改变。

2）切割次数。指要切割的次数，选择 1~6 之间的数字输入即可。快速走丝线切割一般为 1 次；慢速走丝线切割可进行多次切割，根据零件尺寸精度和表面粗糙度的要求选择 1 ~4 次。

3）暂留量。慢速走丝线切割在进行凸模切割且需多次切割时为防止工件脱落，需要留一定量不切（一般为 2~5mm），待大部分轮廓精加工后，执行 M00 指令机床暂停，采用 502 胶水将已切割分离部分粘固，最后切割暂留量。

4）过切量。为避免工件表面留下一凸痕，在最后一次加工时应该过切。

5）脱离长度。多次切割时，为了改变加工条件和补偿值，需要离开轨迹一段距离，这段距离称为脱离长度。

6）锥度角。指进行锥度切割时，钼丝的倾斜方向。

7）后处理文件。通过不同的后处理文件生成不同控制系统所能接收的 NC 代码。后处理文件是一个 ASII 文件，扩展名为 PST。

（3）放电条件设定 用←、→光标键把光标移到放电条件设定栏，对加工条件和偏置量进行设定。加工条件的设定范围为 C000~C999，偏置量的设定范围为 H000~H999。

3. CAM 的三个 F 功能

CAM 主画面有如下三个 F 功能：

（1）F1 绘图 当选择图形文件、设定参数完成后，按<F1>键即进入生成 NC 代码画面，如图 5-30 所示。

在此画面图形显示区中，◎表示穿丝孔的位置，X 表示切入点，□表示切割方向。

此时屏幕上功能键的含义如下：

F1——反向，即改变切割方向，若当前为顺时针方向，按<F1>键后变为逆时针方向。

F2——均布，即把一个图形按给定的角度和个数分布在圆周上。按下<F2>键后，出现提示输入"旋转角度"。旋转角度以度（°）为单位，它是与 X 轴正向的夹角，逆时针方向为正，顺时针方向为负。输入旋转角度后，按回车键出现画面，这时提示输入"旋转个数"。输入旋转个数后，按回车键均布图形。

F3——ISO，即生成 ISO 格式的 NC 代码。

F4——3B，即生成 3B 格式的 NC 代码。

F9——存盘。

F10——返回到上一 CAM 画面。

（2）F2 删除 指删除扩展名为 DXF 的图形文件。

（3）F3 穿孔 当需要用穿孔纸带存储程序时，按<F3>键，把生成的 3B 格式代码送

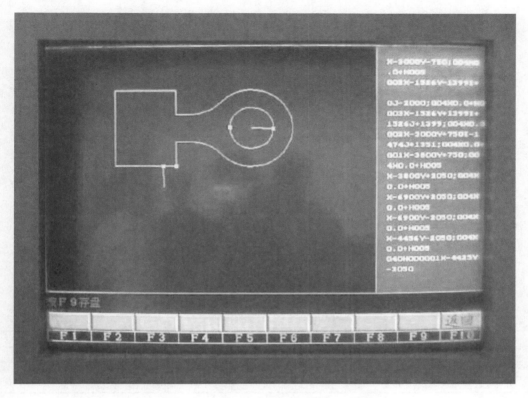

图 5-30　生成 NC 代码画面

到穿孔机进行穿孔输出。

第四节　数控电火花线切割加工综合应用

编制加工图 5-31 所示凸凹模（图示尺寸是根据刃口尺寸公差及凸凹模配合间隙计算出的平均尺寸）的数控线切割程序。电极丝为 $\phi0.1\mathrm{mm}$ 的钼丝，单边放电间隙为 $0.01\mathrm{mm}$。

下面主要就工艺计算和程序编制进行讲述。

1. 确定计算坐标系

由于图形上、下对称，孔的圆心在图形对称轴上，圆心为坐标原点（见图 5-32）。因为图形对称于 X 轴，所以只需求出 X 轴上半部（或下半部）钼丝中心轨迹上各段的交点坐标值，从而使计算过程简化。

2. 确定补偿距离

补偿距离为

$$\Delta R = 0.1\mathrm{mm}/2 + 0.01\mathrm{mm} = 0.06\mathrm{mm}$$

钼丝中心轨迹如图 5-32 中细双点画线所示。

3. 计算交点坐标

将电极丝中心点轨迹划分成单一的直线或圆弧段。

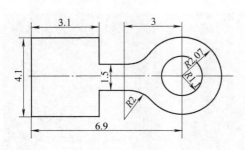

图 5-31 凸凹模

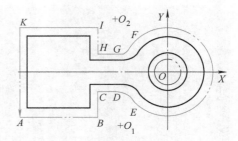

图 5-32 凸凹模编程示意图

求 E 点的坐标值：因两圆弧的切点必定在两圆弧的连心线 OO_1 上。直线 OO_1 的方程为 $Y = (2.75/3)X$。故可求得 E 点的坐标值 X、Y 为

$X = -1.570\text{mm}$；$Y = -1.493\text{mm}$

其余各点坐标可直接从图形中求得，见表 5-9。

切割型孔时电极丝中心至圆心 O 的距离（半径）为

$$R = (1.1 - 0.06)\text{mm} = 1.04\text{mm}$$

表 5-9 凸凹模轨迹图形各段交点及圆心坐标

交点	X	Y	交点	X	Y	交点/圆心	X	Y
A	-6.96	-2.11	E	-1.57	-1.4393	I	-3.74	2.11
B	-3.74	-2.11	F	-1.57	1.4393	K	-6.96	2.11
C	-3.74	-0.81	G	-3	0.81	O_1	-3	-2.75
D	-3	-0.81	H	-3.74	0.81	O_2	-3	2.75

4. 编写程序单

切割凸凹模时，不仅要切割外表面，而且还要切割内表面，因此要在凸凹模型孔的中心 O 处钻穿丝孔。先切割型孔，然后再按 $B \rightarrow C \rightarrow D \rightarrow E \rightarrow F \rightarrow G \rightarrow H \rightarrow I \rightarrow K \rightarrow A \rightarrow B$ 的顺序切割。

1）3B 格式切割程序见表 5-10。

表 5-10 3B 格式切割程序

序号	B	X	B	Y	B	J	G	Z	说　明
1	B		B		B	001040	GX	L3	穿丝切割
2	B	1040	B		B	004160	GY	SR2	
3	B		B		B	001040	GX	L1	
4								D	拆卸钼丝
5	B		B		B	013000	GY	L4	空走
6	B		B		B	003740	GX	L3	空走
7								D	重新装上钼丝
8	B		B		B	012190	GY	L2	切入并加工 BC 段
9	B		B		B	000740	GX	L1	
10	B		B	1940	B	000629	GY	SR1	
11	B	1570	B	1439	B	005641	GY	NR3	
12	B	1430	B	1311	B	001430	GX	SR4	

（续）

序号	B	X	B	Y	B	J	G	Z	说　明
13	B		B		B	000740	GX	L3	
14	B		B		B	001300	GY	L2	
15	B		B		B	003220	GX	L3	
16	B		B		B	004220	GY	L4	
17	B		B		B	003220	GX	L1	
18	B		B		B	008000	GY	L4	退出
19								D	加工结束

2）ISO 格式切割程序如下：

H000 = +00000000；H001 = +00000060；

H005 = +00000000；T84T86G54G90G92X+0Y+0U+0V+0；

C007；

G01X+100Y+0；G04X0. 0+H005；

G41H000；

C007；

G41H000；

G01X+1100Y+0；G04X0. 0+H005；

G41H001；

G03X–1100Y+0I–1100J+0；G04X0. 0+H005；

X+1100Y+0I+1100J+0；G04X0. 0+H005；

G40H000G01X+100Y+0；

M00；　　　　　　　　　　　　取废料

C007；

G01X+0Y+0；G04X0. 0+H005；

T85 T87；

M00；　　　　　　　　　　　　拆丝

M05G00X–3000；　　　　　　　空走

M05G00Y–2750；

M00；　　　　　　　　　　　　穿丝

H000 = +00000000 H001 = +00000060；

H005 = +00000000；T84T86G54G90G92X–2500Y–2000U+0V+0；

C007；

G01X–2801Y–2012；G04X0. 0+H005；

G41H000；

C007；

G41H000；

G01X-3800Y-2050；G04X0.0+H005；

G41H001；

X-3800Y-750；G04X0.0+H005；

X-3000Y-750；G04X0.0+H005；

G02X-1526Y-1399I+0J-2000；G04X0.0+H005；

G03X-1526Y+1399I+1526J+1399；G04X0.0+H005；

G02X-3000Y+750I-1474J+1351；G04X0.0+H005；

G01X-3800Y+750；G04X0.0+H005；

X-3800Y+2050；G04X0.0+H005；

X-6900Y+2050；G04X0.0+H005；

X-6900Y-2050；G04X0.0+H005；

X-3800Y-2050；G04X0.0+H005；

G40H000G01X-2801Y-2012；

M00；

C007；

G01X-2500Y-2000；G04X0.0+H005；

T85 T87 M02；   程序结束

（∷The Cuting length＝37.062133 MM）；   切割总长

练习与思考题

5-1　试述数控电火花线切割机床的加工原理及工作过程。

5-2　数控电火花线切割机床由哪几部分组成？各组成部分的主要作用是什么？如何才能加工出带锥度的零件？

5-3　什么是工件的切割变形现象？试述工件变形的危害、产生原因和避免、减少工件变形的主要方法。

5-4　何谓辅助程序？怎样合理规划辅助程序？请简单说明预制穿丝孔的必要性及可选择性。

5-5　什么是切割加工编程的偏移量 f ？ f 的大小与哪些因素有关？准确确定 f 有何实际意义？如何确定？

5-6　试述 3B 编程指令与 ISO 编程指令的异同点。

5-7　根据图 5-33 给出的钼丝切割轨迹，试用 ISO 指令编程。

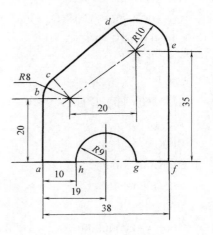

图 5-33　题 5-7 图

第六章

自动编程

使用计算机（或编程机）进行数控机床程序编制工作，即由计算机（或编程机）自动地进行数值计算，编写零件加工程序单，自动地打印输出加工程序单，并将程序记录到数控介质上。这种数控机床程序编制工作的大部分或全部由计算机（或编程机）完成的过程，即为自动编程，也称为计算机辅助编程。

第一节　自动编程概述

一、自动编程的基本原理

自动编程是通过数控自动程序编制系统实现的。自动编程系统（见图6-1）由硬件及软件两部分组成。硬件主要由计算机、绘图机、打印机、控制介质及其他一些外围设备组成；软件即计算机编程系统，又称为编译软件。

自动编程的工作过程如图6-2所示。

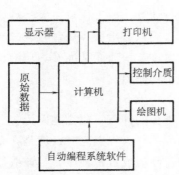

图 6-1　数控自动编程系统的组成

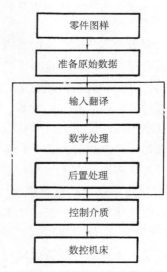

图 6-2　自动编程的工作过程

1. 准备原始数据

自动编程系统不会自动地编制出完美的数控程序。首先，人们必须给计算机输入必要的原始数据，这些原始数据描述了被加工零件的所有信息，包括零件的几何形状、尺寸和几何要素之间的相互关系，刀具运动轨迹和工艺参数等。原始数据的表现形式随着自动编程技术的发展越来越多样化，它可以是用数控语言编写的零件源程序，也可以是零件的图形信息，还可以是操作者发出的指令声音等。这些原始数据是由人工准备的，当然它比直接编制数控程序要简单、方便得多。

2. 输入翻译

原始数据以某种方式输入计算机后，计算机并不能立即识别和处理，必须通过一套预先存放在计算机中的编程系统软件，将它翻译成计算机能够识别和处理的形式。由于这种软件的翻译功能，故又称为编译软件。计算机编程系统品种繁多，原始数据的输入方式不同，编程系统就不一样，即使是同一种输入方式，也有很多种不同的编程系统。

3. 数学处理

数学处理主要是根据已经翻译的原始数据计算出刀具相对于工件的运动轨迹。输入翻译和数学处理合称为前置处理。

4. 后置处理

后置处理就是编程系统将前置处理的结果处理成具体的数控机床所需要的输入信息，即形成了零件加工的数控程序。

5. 信息的输出

将后置处理得到的程序信息制成控制介质，用于数控机床的输入；也可利用计算机和数控机床的通信接口，直接把程序信息输入数控机床，控制数控机床的加工，或边输入、边加工；还可利用打印机打印输出制成程序单。

二、自动编程的主要特点

与手工编程相比，自动编程速度快，质量好，这是因为自动编程具有以下主要特点。

1. 数学处理能力强

对轮廓形状不是由简单的直线、圆弧组成的复杂零件，特别是空间曲面零件，以及几何要素虽不复杂，但程序量很大的零件，计算则相当烦琐，采用手工程序编制是难以完成的。例如，对一般二次曲线廓形，手工编程必须采取直线或圆弧逼近的方法，算出各节点的坐标值，其中列算式、解方程，虽说能借助计算器进行计算，但工作量之大是难以想象的。而自动编程借助于系统软件强大的数学处理能力，人们只需给计算机输入该二次曲线的描述语句，计算机就能自动计算出加工该曲线的刀具轨迹，快速而又准确。功能较强的自动编程系统还能处理手工编程难以胜任的二次曲面和特种曲面。

2. 能快速、自动生成数控程序

对非圆曲线的轮廓加工，手工编程即使解决了节点坐标的计算，也往往因为节点数过多，程序段很大而使编程工作又慢又容易出错。自动编程的一大优点之一，就是在完成计算刀具运动轨迹之后，后置处理程序能在极短的时间内自动生成数控程序，且该数控程序不会出现语法错误。当然自动生成程序的速度还取决于计算机硬件的档次，档次越高，速度越快。

3. 后置处理程序灵活多变

同一个零件在不同的数控机床上加工，由于数控系统的指令形式不尽相同，机床的辅助功能也不一样，伺服系统的特性也有差别，因此数控程序也应该是不一样的。但在前置处理过程中，大量的数学处理、轨迹计算却是一致的。这就是说，前置处理可以通用化，只要稍微改变一下后置处理程序，就能自动生成适用于不同数控机床的数控程序来，后置处理相比前置处理，工作量要小得多，程序简单得多，因而它灵活多变。对于不同的数控机床，使用不同的后置处理程序，等于完成了一个新的自动编程系统，极大地扩展了自动编程系统的使用范围。

4. 程序自检、纠错能力强

复杂零件的数控加工程序往往很长，要一次编程成功，不出一点错误是不现实的。手工编程时，可能书写笔误，可能算式有问题，也可能程序格式出错，靠人工检查一个个错误相当困难，费时又费力。采用自动编程，程序出错主要是原始数据不正确而导致刀具运动轨迹有误，或刀具与工件干涉，或刀具与机床相撞等。但自动编程时，用户能够借助于计算机在屏幕上对数控程序进行动态模拟，连续、逼真地显示刀具加工轨迹和零件加工轮廓，发现问题及时修改，快速又方便。现在，往往在前置处理阶段，计算出刀具运动轨迹以后立即进行动态模拟检查，确定无误以后再进入后置处理，从而编写出正确的数控程序。

5. 便于实现与数控系统的通信

自动编程生成的数控程序输入数控系统后，控制数控机床进行加工。如果数控程序很长，而数控系统的容量有限，不足以一次容纳整个数控程序，就必须对数控程序进行分段处理，分批输入，比较麻烦。但自动编程系统可以利用计算机和数控系统的通信接口，实现编程系统和数控系统的通信。编程系统可以把自动生成的数控程序经通信接口直接输入数控系统，控制数控机床加工，无须再制备控制介质，而且可以做到边输入，边加工，不必忧虑数控系统内存不够大，免除了将数控程序分段。自动编程的通信功能进一步提高了编程效率，缩短了生产周期。

自动编程技术优于手工编程，这是不容置疑的。但是，并不等于说凡是编程必选自动编程。编程方法的选择，必须考虑被加工零件形状的复杂程度、数值计算的难度和工作量的大小、现有设备条件（计算机、编程系统等）以及时间和费用等诸多因素。一般说来，加工形状简单的零件，如点位加工或直线切削零件，用手工编程所需的时间和费用与计算机自动编程所需的时间和费用相差不大，这时采用手工编程比较合适。否则，不妨考虑选择自动编程。

三、自动编程的分类

1952 年，美国生产出第一台数控铣床。1953 年，美国麻省理工学院（MIT）伺服机构实验室就开始研究数控自动编程。1959 年，第一代自动编程系统，即 APT 系统开始用于生产。之后短短几十年，自动编程技术飞跃发展，自动编程种类越来越多，极大地促进了数控机床在全球范围内日益广泛的使用。根据自动编程时原始数据输入方式的不同，自动编程可以分为语言数控自动编程、图形数控自动编程、语音数控自动编程和数字化技术自动编程四种。

1. 语言数控自动编程

语言数控自动编程是指零件加工的几何尺寸、工艺参数、切削用量及辅助要求等原始信息用数控语言编写成源程序后，输入到计算机中，再由计算机通过语言自动编程系统进一步处理后得到零件加工程序单及控制介质。

自动编程技术的研究是从语言自动编程系统开始的。它品种多，功能强，使用范围最广。其中以美国的 APT（Automatical Programmed Tools）系统最具代表性。现在使用的 APT 系统有 APT-Ⅱ、APT-Ⅲ、APT-Ⅳ。其中 APT-Ⅱ 是曲线（平面零件）自动编程系统，APT-Ⅲ 是 3～5 坐标立体曲面自动编程系统，APT-Ⅳ 是自由曲面编程系统，并可联机和图形输入。APT 系统编程语言的词汇量较多，定义的几何类型也较全面，后置处理程序有近 1000 个，在各国得到广泛应用。但是，APT 系统软件庞大，价格昂贵。因此，各国根据零件加工的特点和用户的需求，参考 APT 系统的思路，开发出许多具有不同特点的自动编程系统，如美国的 APAPT，德国的 EXAPT1（点位）、EXAPT2（车削）、EXAPT3（铣削），法国的 IFAPT-P（点位）、IFAPT-C（连续），日本的 FAPT 和 HAPT 等。

我国 20 世纪 70 年代已研制出 SKC、ZCX 等用于车削和铣削数控加工的自动编程系统，近年来又推出了 HZAPT、EAPT、SAPT 等微机数控自动编程系统。

在语言数控自动编程中，操作者承担的工作主要就是用数控语言编写零件源程序。数控语言是由一些基本符号、字母、词汇以及数字组成的，并有一定的语法要求，它是自动编程系统的一部分，所以不同的自动编程系统，其数控语言是各不相同的。下面就是用 APT 数控语言编写的图 6-3 所示零件的源程序。

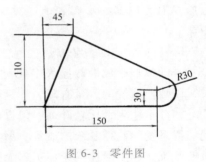

图 6-3 零件图

PARTNO TEMPLATE	初始语句，说明加工对象是样板
MACHIN/F7M	后置处理语句，说明控制机型号
CLPRNT	说明需要打印刀位数据清单
INTOL/0.01	指定用直线段逼近工件轮廓
OUTTOL/0.01	工件轮廓的容许误差
CUTTER/10	说明选用直径为 10mm 的平头立铣刀
$ $ DEFINITION	注释语句，说明以下为几何定义语句
P0 = POINT/0, −25, 0	
P1 = POINT/150, 30, 0	
P2 = POINT/0, 0, 0	
P3 = POINT/10, 0, 0	
P4 = POINT/45, 110	

```
L1 = LINE/P2, P3
C1 = CIRCLE/CENTER, P1, RADIUS, 30
L2 = LINE/P4, LEFT, TANTO, C1
L3 = LINE/P2, P4
PL1 = P2, P3, P4
SPINDL/900, CLW                    主轴转速 n = 900r/min，顺时针旋转
COOLNT/ON                          打开切削液
FROM/P0                            指定起刀点
GO/TO, L1, TO, PL1, TO, L3         初始运动指令
GORGT/L1, TANTO, C1                以下说明进给路线
GOFWD/C1, PAST, L2
GOFWD/L2, PAST, L3
GOLFT/L3, PAST, L1
COOLNT/OFF                         关闭切削液
FEDRAT/500
GOTO/P0                            回起刀点
FINI                               零件源程序结束
```

可以看出，以上程序与在第五章第三节介绍的数控线切割机床自动编程的源程序很相似。其实，数控线切割机床的自动编程使用的就是一种国内自己研制的语言自动编程系统。

使用 APT 或其他典型的数控语言编写零件源程序的方法，不少书籍中都有详细介绍，所以本章不再详述。编写零件源程序不是一件轻松的工作。大家在赞赏自动编程系统的同时，希望对零件源程序的处理能更方便、简单些，于是产生了会话型自动编程方法。

会话型自动编程系统就是在语言数控自动编程的基础上，增加了"会话"功能。编程员通过与计算机对话的方式，用会话型自动编程系统专用的会话命令回答计算机显示屏的提问，输入必要的数据和指令，完成对零件源程序的编辑、修改。会话型自动编程系统的特点是：编程员可随时修改零件源程序；随时停止或开始处理过程；随时打印零件加工程序单或某一中间结果；随时给出数控机床的脉冲当量等后置处理参数；可用菜单方式输入零件源程序及操作过程。日本的 FAPT、荷兰的

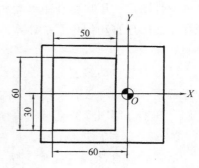

图 6-4 加工内腔的零件

MITURN、美国的 NCPTS、我国的 SAPT 等都是会话型自动编程系统。表 6-1 是使用 FANUC LIK 会话型自动编程系统编写加工图 6-4 所示零件的源程序，需要加工的部分是 50mm×60mm 的内腔。

表 6-1 加工图 6-4 所示零件的会话型自动编程源程序

屏 幕 显 示	程序员输入	说　　明
U:X LENGTH	= 50.0	内腔边增量长度
V:Y LENGTH	= 60.0	内腔边增量宽度
X:X CO—ORD	= -60.0	内腔棱角尺寸,绝对坐标
Y:Y CO—ORD	= -30.0	内腔棱角尺寸,绝对坐标
R:R POINT	= 3.0	平面空隙,Z 轴
Z:Z POINT	= -10.0	内腔深度
W:CUTT G DEPTH	= 5.0	切削深度
E:FEED RATE	= 50.0	垂直进给率(mm/min)
T:TOOL ID NO	= 2	刀具编号
Q:TOOL NAME	= END MILL	刀具名称
H:HOFFSET NO	= 2	直径偏置号
D:DOFFSET NO	= 12	长度偏置号
M:COOLANT	= COOLANT M08	切削液类型流动式
S:SPINDLE SPEED	= 800	主轴转速(r/min)
F:ROUCH G FEED	= 120	铣削进给率(mm/min)
J:FINIS G FEED	= 100	精铣进给率(mm/min)
C:FINISHING	= 2.0	精切余量(mm)
K:CUT DEPTH%	= 50.0	切深百分比

2. 图形数控自动编程

图形数控自动编程是计算机配备了图形终端和必要的软件后进行编程的一种方法。图形终端由鼠标器、显示器和键盘组成,它既是输入设备,又是输出设备。利用它能实现人与计算机的"实时对话",发现错误能及时修改。编程时,可在终端屏幕上显示出所要加工的零件图形,用户可利用键盘和鼠标器交互确定进给路径和切削用量,计算机便可按预先存储的图形自动编程系统计算刀具轨迹,自动编制出零件的加工程序,并输出程序单和控制介质。

图形交互自动编程方法简化了编程过程,减少了编程差错,缩短了编程时间,降低了编程费用,是一种很有发展前途的自动编程方法。本章将以 CAXA 制造工程师 2006 软件为例,详细介绍图形交互自动编程的基本方法及系统软件的使用。

3. 语音数控自动编程

语音数控自动编程是利用人的声音作为输入信息,并与计算机和显示器直接"对话",令计算机编出加工程序的一种方法。语音数控自动编程系统的构成如图 6-5 所示。编程时,编程员只需对着传声器讲出所需的指令即可。编程前应使系统"熟悉"编程员的"声音",即首次使用该系统时,编程员必须对着传声器讲该系统约定的各种词汇和数字,让系统记录下来并转换成计算机可以接受的数字指令。用语音自动编程的主要优点是:便于操作,未经训练的人员也可使用语音编程系统;可免除打字错误,编程速度快,编程效率高。

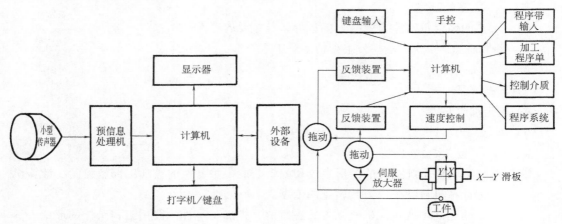

图 6-5 语音数控自动编程系统的构成　　　图 6-6 计算机控制的坐标测量机数字化系统

4. 数字化技术自动编程

数字化技术自动编程适用于有模型或实物而无尺寸的零件加工的程序编制，因此也称为实物编程。使用这种编程方法时应配备一台坐标测量机，用于模型或实物的尺寸测量，由计算机将所测数据进行处理，最后控制输出设备，输出零件加工程序单或控制介质。

图 6-6 所示为计算机控制的坐标测量机数字化系统。利用这种系统可编制二坐标或三坐标数控铣床加工复杂曲面的程序。

自动编程技术的飞速发展不仅仅体现在品种数量上，更体现为自动编程技术的功能将越来越强。第三代自动编程系统可以自动确定最佳的加工工艺参数，只要给出加工零件的最终加工尺寸、精度和材料，计算机就能自动地确定加工过程需要的全部信息。Exapt 语言系统能部分解决工艺过程最优化的问题。

第二节　图形交互自动编程

图形交互自动编程不需要编写零件源程序，只需把被加工零件的图形信息输送给计算机，通过系统软件的处理，就能自动生成数控加工程序。本节详细介绍 CAXA 制造工程师 2006 软件的使用方法，学习者可从中了解图形自动编程的基本方法、步骤及特点。

一、CAXA 制造工程师 2006 软件介绍

一个好的数控编程系统，已经不仅仅局限于绘图、生成轨迹、输出加工代码，它还应该是一种先进加工工艺的综合，先进加工经验的记录、继承和发展。CAXA 制造工程师 2006 数控编程系统正是集 CAD/CAM 于一体、功能强大、易学易用、工艺性好、代码质量高的数控编程系统。

CAD/CAM 系统的编程基本步骤为：①理解二维图样或其他的模型数据；②建立加工模型或通过数据接口读入；③确定加工工艺（装夹、刀具等）；④生成刀具轨迹；⑤加工仿真；⑥生成后置代码；⑦输出加工代码。

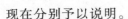

现在分别予以说明。

1. 加工工艺的确定

加工工艺的确定目前主要依靠人工进行，其主要内容有：

1）核准加工零件的尺寸、公差和精度要求。

2）确定装夹位置。

3）选择刀具。

4）确定加工路线。

5）选定工艺参数。

2. 加工模型的建立

利用 CAD/CAM 系统提供的图形生成和编辑功能，将零件的被加工部位绘制在计算机屏幕上，作为计算机自动生成刀具轨迹的依据。

加工模型的建立是通过人机交互方式进行的。被加工零件一般用工程图样的形式表达在图纸上，用户可根据图样建立三维加工模型。针对这种需求，CAD/CAM 系统应提供强大的几何建模功能，从而不仅应能生成常用的直线和圆弧，还可提供复杂的样条曲线、组合曲线、各种规则的和不规则的曲面等的造型方法，并提供各种过渡、裁剪、几何变换等编辑手段。

被加工零件数据也可能由其他 CAD/CAM 系统传入，因此 CAD/CAM 系统针对此类需求应提供标准的数据接口，如 DXF、IGES、STEP 等。由于分工越来越细，企业之间的协作越来越频繁，这种形式目前越来越普遍。

如果被加工零件的外形是由测量机测量得到的，那么针对此类的需求，CAD/CAM 系统应提供读入测量数据的功能，并按照一定的格式给出数据，系统由此自动生成零件的外形曲面。

3. 刀具轨迹生成

建立了加工模型后，即可利用 CAD/CAM 系统提供的多种形式的刀具轨迹生成功能进行数控编程。CAD/CAM 系统提供了十余种加工轨迹生成的方法。用户可以根据所要加工零件的形状特点、不同的工艺要求和精度要求，灵活地选用系统中提供的各种加工方式和加工参数等，方便快速地生成所需要的刀具轨迹，即刀具的切削路径。

为满足特殊的工艺需要，多数 CAD/CAM 系统能够对已生成的刀具轨迹进行编辑，还可通过模拟仿真检验生成的刀具轨迹的正确性和是否有过切产生，并可通过代码校核，用图形方法检验加工代码的正确性。

4. 后置代码的生成

在屏幕上用图形形式显示的刀具轨迹要变成可以控制机床的代码，需进行所谓的后置处理。后置处理的目的是生成数控指令文件，也就是经常说的 G 代码程序或 NC 程序。CAD/CAM 系统提供的后置处理功能是非常灵活的，它可以由用户自己修改某些设置而适用各自的机床要求。用户按机床规定的格式进行定制，即可方便地生成和特定机床相匹配的加工代码。

5. 加工代码的输出

生成数控指令之后，可通过计算机的标准接口与机床直接连接。CAD/CAM 系统提供了通信软件，通过计算机的串口或并口与机床连接，将数控加工代码传输到数控机床，控制机床各坐标的伺服系统，驱动机床。

二、CAXA 制造工程师 2006 软件应用实例

实例一　连杆件的造型与加工。

1. 连杆件的实体造型

造型思路：根据连杆的造型（见图 6-7）及其三视图（见图 6-8）可以分析出连杆主要包括底部的托板、基本拉伸体、两个凸台、凸台上的凹坑和基本拉伸体上表面的凹坑。底部的托板、基本拉伸体和两个凸台通过拉伸草图来得到。凸台上的凹坑使用旋转除料来生成。基本拉伸体上表面的凹坑先使用等距实体边界线得到草图轮廓，然后使用带有拔模斜度的拉伸减料来生成。

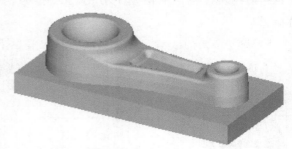

图 6-7　连杆造型

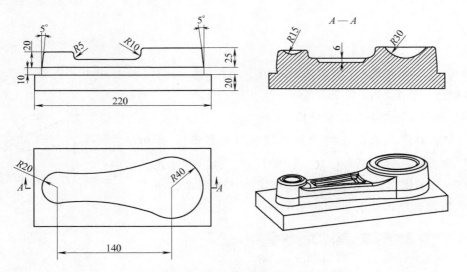

图 6-8　连杆造型的三视图

（1）作基本拉伸体的草图

1）单击零件特征树的"平面 XOY"，选择 XOY 面为绘图基准面。

2）单击"绘制草图"按钮 ，进入草图绘制状态。

3）绘制整圆。单击曲线生成工具栏上的"整圆"按钮 ，在图 6-9a 所示的立即菜单中选择作圆方式为"圆心_半径"，按<Enter>键，在

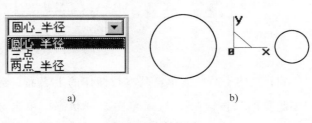

图 6-9　绘制整圆

弹出的对话框中先后输入圆心（70，0，0），半径 R = 20 并确认，然后单击鼠标右键结束该圆的绘制。用同样的方法输入圆心（-70，0，0），半径 R = 40 绘制另一圆，并连续单击鼠标右键两次退出圆的绘制，结果如图 6-9b 所示。

4）绘制相切圆弧。单击曲线生成工具栏上的"圆弧"按钮 ⊕，在图 6-10a 所示的立即菜单中选择作圆弧方式为"两点_半径"，然后按空格键，在弹出的点工具菜单中选择【切点】命令，拾取两圆上方的任意位置，按<Enter>键，输入半径 R = 250 并确认完成第一条相切线。接着拾取两圆下方的任意位置，同样输入半径 R = 250，结果如图 6-10b 所示。

5）裁剪多余的线段。单击线面编辑工具栏上的"曲线裁剪"按钮 ，在默认立即菜单选项下，拾取需要裁剪的圆弧上的线段，结果如图 6-11 所示。

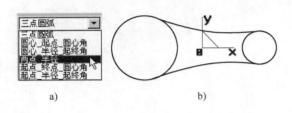

图 6-10 绘制相切圆弧

图 6-11 裁剪多余的线段

6）退出草图状态。单击"绘制草图"按钮 ，退出草图绘制状态。按<F8>键观察草图轴侧图，如图 6-12 所示。

（2）利用拉伸增料生成拉伸体

1）单击特征工具栏上的"拉伸增料"按钮 ，弹出"拉伸"对话框，在对话框中输入深度为 10，选中"增加拔模斜度"复选框，输入角度为 5，如图 6-13a 所示，单击"确定"按钮，结果如图 6-13b 所示。

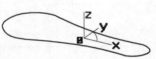

图 6-12 草图轴侧图

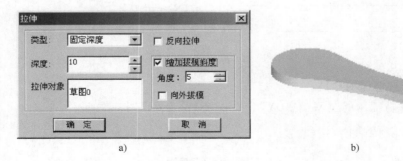

图 6-13 生成拉伸体

2）拉伸小凸台。单击基本拉伸体的上表面，选择该上表面为绘图基准面，然后单击"创建草图"按钮 ，进入草图绘制状态。单击"整圆"按钮 ⊕，按空格键选择【圆心】命令，单击上表面小圆的边，拾取到小圆的圆心，再次按空格键选择【端点】命令，单击上表面小圆的边，拾取到小圆的端点，单击右键完成草图的绘制，如图 6-14 所示。

3）单击"绘制草图"按钮 ✐，退出草图状态。然后单击"拉伸增料"按钮 ⬚，在对话框中输入深度为 10，选中"增加拔模斜度"复选框，输入角度为 5 并确定，结果如图 6-15 所示。

图 6-14 小凸台草图

图 6-15 拉伸小凸台

4）拉伸大凸台。与绘制小凸台草图相同步骤，拾取上表面大圆的圆心和端点，完成大凸台草图的绘制，如图 6-16 所示。

5）与拉伸小凸台相同步骤，输入深度为 15，角度为 5，生成大凸台，结果如图 6-17 所示。

图 6-16 大凸台草图

图 6-17 拉伸大凸台

（3）利用旋转减料生成小凸台凹坑

1）单击零件特征树的"平面 XOZ"，选择平面 XOZ 为绘图基准面，然后单击"绘制草图"按钮 ✐，进入草图绘制状态。

2）作直线 1。单击"直线"按钮 ╲，按空格键选择【端点】命令，拾取小凸台上表面圆的端点为直线的第 1 点，按空格键选择【中点】命令，拾取小凸台上表面圆的中点为直线的第 2 点。

3）单击曲线生成工具栏的"等距线"按钮 ⌐，在立即菜单中输入距离为 10，如图 6-18a 所示，拾取直线 1，选择等距方向为向上，将其向上等距 10，得到直线 2，如图 6-18b 所示。

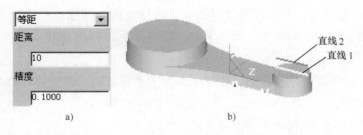
a)　　　　　　　　　　b)
图 6-18 绘制等距线

4）绘制用于旋转减料的圆。单击"整圆"按钮 ⊕，按空格键选择【中点】命令，单击直线 2，拾取其中点为圆心，按<Enter>键，输入半径为 15，单击鼠标右键结束圆的绘制，如图 6-19 所示。

5）删除和裁剪多余的线段。拾取直线 1 并单击鼠标右键，在弹出的菜单中选择【删除】命令，将直线 1 删除。单击"曲线裁剪"按钮 ，裁剪掉直线 2 的两端和圆的上半部分，如图 6-20 所示。

图 6-19　绘制圆

图 6-20　删除和裁剪线段

6）绘制用于旋转轴的空间直线。单击"绘制草图"按钮 ，退出草图状态。单击"直线"按钮 ，按空格键选择【端点】命令，拾取半圆直径的两端，绘制与半圆直径完全重合的空间直线，如图 6-21 所示。

图 6-21　绘制空间直线

7）单击特征工具栏的"旋转除料" 按钮，弹出的对话框如图 6-22a 所示，拾取半圆草图和作为旋转轴的空间直线，并单击"确定"按钮，然后删除空间直线，结果如图 6-22b 所示。

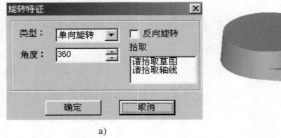

a)

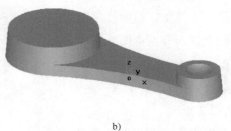

b)

图 6-22　生成小凸台凹坑

（4）利用旋转减料生成大凸台凹坑

1）利用与绘制小凸台上旋转除料草图和旋转轴空间直线完全相同的方法，绘制大凸台上旋转除料的半圆和空间直线。具体参数：直线等距的距离为 20，圆的半径 R = 30，结果如图 6-23 所示。

2）单击"旋转除料" 按钮，拾取大凸台上半圆草图和作为旋转轴的空间直线，并单击"确定"按钮，然后删除空间直线，结果如图 6-24 所示。

（5）利用拉伸减料生成基本体上表面的凹坑

1）单击基本拉伸体的上表面，选择拉伸体上表面为绘图基准面，然后单击"绘制草图"按钮 ，进入草图状态。

图 6-23 绘制半圆和空间直线

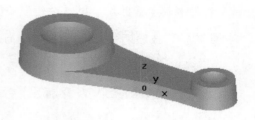

图 6-24 生成大凸台凹坑

2）单击曲线生成工具栏的"相关线"按钮 ，选择立即菜单中的"实体边界"，如图 6-25a 所示，拾取图 6-25b 所示的四条边界线。

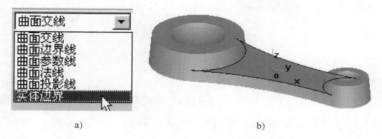

a)   b)

图 6-25 绘制边界线

3）绘制等距线。单击"等距线"按钮 ⊐，以等距距离 10 和 6 分别作刚生成的边界线的等距线，如图 6-26 所示。

4）曲线过渡。单击线面编辑工具栏的"曲线过渡"按钮 ⌐，在立即菜单处输入半径6，对等距生成的曲线作过渡，结果如图 6-27 所示。

5）删除多余的线段。单击线面编辑工具栏的"删除"按钮 ⊘，拾取四条边界线，然后单击鼠标右键将各边界线删除，结果如图 6-28 所示。

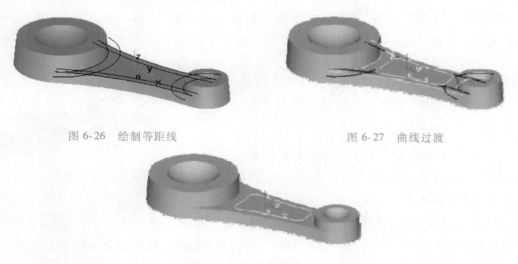

图 6-26 绘制等距线

图 6-27 曲线过渡

图 6-28 删除多余线段

6）拉伸减料生成凹坑。单击"绘制草图"按钮 ，退出草图状态。单击特征工具栏的"拉伸减料"按钮 ，在对话框中设置深度为 6，角度为 30，如图 6-29a 所示，单击"确定"按钮，结果如图 6-29b 所示。

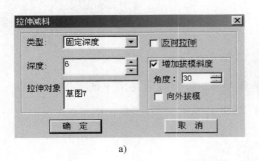

a)

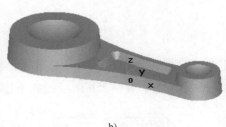

b)

图 6-29　生成凹坑

（6）过渡零件上表面的棱边

1）单击特征工具栏的"过渡"按钮 ，在对话框中输入半径为 10，拾取大凸台和基本拉伸体的交线，如图 6-30 所示，单击"确定"按钮，结果如图 6-31 所示。

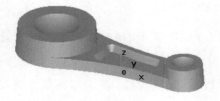

图 6-30　拾取交线

图 6-31　过渡棱边

2）单击"过渡"按钮 ，在对话框中输入半径为 5，拾取小凸台和基本拉伸体的交线并确定。

3）单击"过渡"按钮 ，在对话框中输入半径为 3，拾取上表面的所有棱边并确定，结果如图 6-32 所示。

（7）利用拉伸增料延伸基本体

1）单击基本拉伸体的下表面，选择该拉伸体下表面为绘图基准面，然后单击"绘制草图"按钮 ，进入草图状态。

2）单击曲线生成工具栏上的"曲线投影"按钮 ，拾取拉伸体下表面的所有边并将其投影得到草图，如图 6-33 所示。

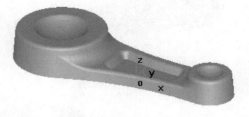

图 6-32　过渡所有棱边

3）单击"绘制草图"按钮 ，退出草图状态。单击"拉伸增料"按钮 ，在对话框中输入深度为 10，取消"增加拔模斜度"复选框并确定，结果如图 6-34 所示。

（8）利用拉伸增料生成连杆电极的托板

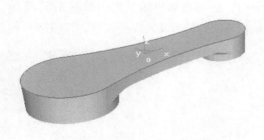

图 6-33 曲线投影绘制草图

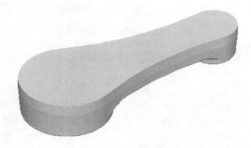

图 6-34 拉伸增料

1）单击基本拉伸体的下表面和"绘制草图"按钮 ，进入以拉伸体下表面为基准面的草图状态。

2）按<F5>键切换显示平面为 XY 面，然后单击曲线生成工具栏上的"矩形"按钮，绘制图 6-35 所示大小的矩形。

3）单击"绘制草图"按钮，退出草图状态。单击"拉伸增料"按钮，在对话框中输入深度为 10，取消"增加拔模斜度"复选框并单击"确定"按钮。按<F8>键，其轴侧图如图 6-36 所示。

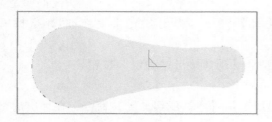

图 6-35 绘制矩形草图

图 6-36 生成托板

2. 连杆件的加工

加工思路：等高粗加工、等高精加工。

连杆件电极的整体形状较为陡峭，整体加工选择等高粗加工，精加工采用等高精加工。对于凹坑的部分根据加工需要还可以采用曲面区域加工方式进行局部加工。

（1）加工前的准备工作 首先进行后置设置。用户可以增加当前使用的机床，给出机床名，定义适合所用机床的后置格式。系统默认的格式为 FANUC 系统的格式。

1）选择【加工】→【后置处理】→【后置设置】命令，弹出"机床后置"对话框。

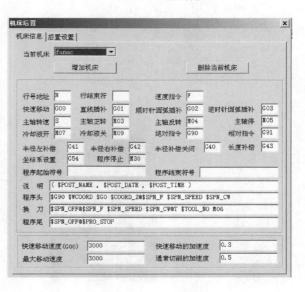

图 6-37 "机床信息"选项卡

2）机床信息设置。在"机床信息"选项卡中，选择当前机床类型，如图6-37所示。

3）后置设置。选择"后置设置"选项卡，根据当前的机床设置各参数，如图6-38所示。

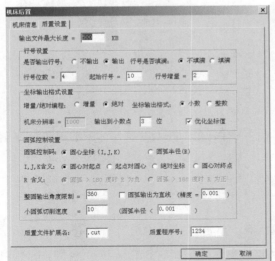

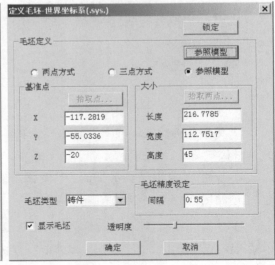

图6-38 "后置设置"选项卡　　　　图6-39 "定义毛坯-世界坐标系（.sys.）"对话框

4）定义毛坯。选择【加工】→【定义毛坯】命令，弹出"定义毛坯-世界坐标系（.sys.）"对话框，如图6-39所示。

单击"参照模型"按钮，点选"参照模型"选项，单击"确定"按钮。

（2）等高线粗加工刀具轨迹

1）设置粗加工参数。选择【加工】→【粗加工】→【等高线粗加工】命令，在弹出的粗加工参数表中设置如图6-40所示刀具参数。

2）根据使用的刀具，设置加工参数，如图6-41所示。

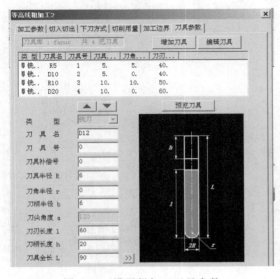

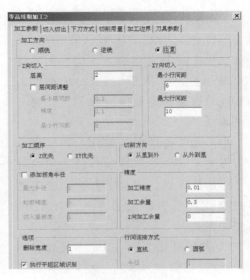

图6-40 设置粗加工刀具参数　　　　图6-41 设置粗加工参数

3）选择"加工边界"选项卡，设定加工边界，如图 6-42 所示。

4）选择"切削用量"选项卡，设定切削用量，如图 6-43 所示。

5）粗加工参数表设置好后，单击"确定"按钮，屏幕左下角状态栏提示"拾取加工对象"。选中整个实体表面，整个曲面变红，单击鼠标右键确认。

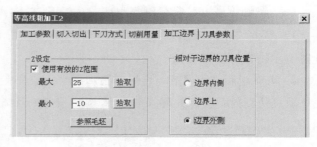

图 6-42 设置加工边界

6）屏幕左下角状态栏提示"拾取加工边界"，单击鼠标右键确认。

7）屏幕左下角状态栏提示"正在分析加工模型，请稍候"，"正在计算模型，请稍候"，系统开始计算并生成粗加工轨迹，如图 6-44 所示。

8）隐藏生成的粗加工轨迹。拾取轨迹，单击鼠标右键，在弹出的菜单中选择【隐藏】命令即可。

（3）等高精加工刀具轨迹

1）设置粗加工参数。选择【加工】→【精加工】→【等高线精加工】命令，在弹出的粗加工参数表中设置如图 6-45 所示的刀具参数。

2）设置加工参数 1，如图 6-46 所示。

3）设置加工参数 2，如图 6-47 所示。

4）设置切削用量，如图 6-48 所示。

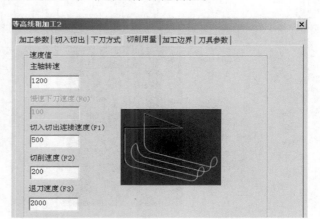

图 6-43 设置切削用量

5）粗加工参数表设置好后，单击"确定"按钮，屏幕左下角状态栏提示"拾取加工对象"。选中整个实体表面，整个曲面变红，按鼠标右键确认。

6）屏幕左下角状态栏提示"拾取加工边界"，按鼠标右键确认。

7）屏幕左下角状态栏提示"正在分析加工模型，请稍候"，"正在计算模型，请稍候"，系统开始计算并生成精加工轨迹，如图 6-49 所示。

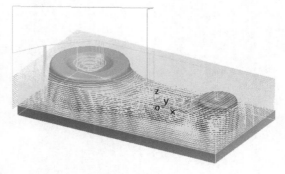

图 6-44 粗加工轨迹

8）隐藏生成的精加工轨迹。拾取轨迹，单击鼠标右键，在弹出的菜单中选择【隐藏】命令即可。

注意：精加工的加工余量为 0。

（4）轨迹仿真、检验与修改

1）单击"线面可见"按钮 ，显示所有已经生成的加工轨迹，然后拾取粗、精加工轨迹，单击鼠标右键确认。

2）先拾取粗加工轨迹，再拾取精加工轨迹，单击鼠标右键，选择【轨迹仿真】命令，进入轨迹仿真界面。单击 按钮，单击 ▶ 按钮，系统进行轨迹仿真，结果如图 6-50 所示。

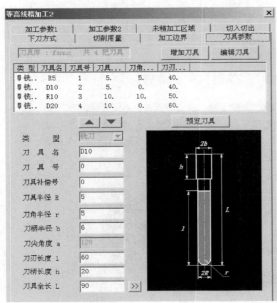

图 6-45 设置精加工刀具参数

图 6-46 设置精加工参数 1

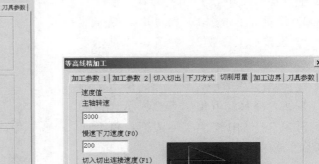

图 6-47 设置精加工参数 2

图 6-48 设置切削用量

（5）生成 G 代码

1）前面已经做好了后置设置。选择【加工】→【后置处理】→【生成 G 代码】命令，弹出"选择后置文件"对话框，填写文件名"lgcu.cut"，单击"保存"按钮。

2）拾取生成的粗加工的刀具轨迹，单击鼠标右键确认，弹出粗加工 G 代码文件，如图 6-51 所示，保存即可。

3）用同样方法生成精加工 G 代码文件"lgjing.cut"，如图 6-52 所示。

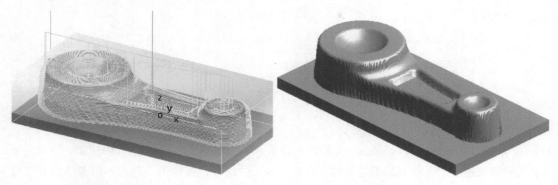

图 6-49　精加工轨迹　　　　　　　　　　图 6-50　连杆仿真结果

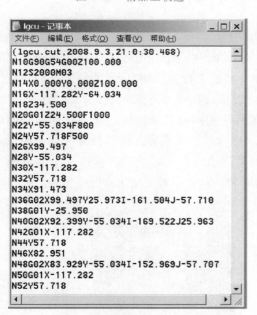

图 6-51　连杆粗加工 G 代码文件

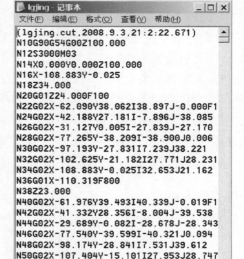

图 6-52　连杆精加工 G 代码文件

（6）生成加工工艺单

1）选择【加工】→【工艺】命令，弹出"工艺清单"对话框，输入文件名"连杆件加工"，单击"保存"按钮。

2）选择【拾取轨迹】命令，用鼠标选取或用窗口选取或按 W 键，选中全部刀具轨迹，单击鼠标右键确认，单击【生成清单】命令，立即生成加工工艺单。生成的连杆件工艺清单如图 6-53 所示。

至此，连杆件的造型、生成加工轨迹、加工轨迹仿真检查、生成 G 代码程序、生成加工工艺清单的工作已经全部做完，可以把加工工艺清单和 G 代码程序通过工厂的局域网传送到车间

项目	关键字	结果	备注
零件名称	CAXAMEDETAILPARTNAME	g	
零件图图号	CAXAMEDETAILPARTID		
零件编号	CAXAMEDETAILDRAWINGID		
生成日期	CAXAMEDETAILDATE	2008.4.19	
设计人员	CAXAMEDETAILDESIGNER	-	
工艺人员	CAXAMEDETAILPROCESSMAN	-	
校核人员	CAXAMEDETAILCHECKMAN	-	
机床名称	CAXAMEMACHINENAME	-	
刀具起始点X	CAXAMEMACHHOMEPOSX	0.	
刀具起始点Y	CAXAMEMACHHOMEPOSY	0.	
刀具起始点Z	CAXAMEMACHHOMEPOSZ	100.	
刀具起始点	CAXAMEMACHHOMEPOS	(0.,0.,100.)	

图 6-53 连杆件工艺清单

去了。车间在加工之前还可以通过"CAXA 制造工程师 2006"中的校核 G 代码功能，再看一下加工代码的轨迹形状，做到加工之前胸中有数。将工件找正，按加工工艺清单的要求找好工件零点，再按工序单中的要求装好刀具并找好刀具的 Z 轴零点，就可以开始加工了。

实例二 可乐瓶底的造型和加工。

1. 凹模型腔的造型

造型思路：可乐瓶底的曲面造型比较复杂（见图 6-54、图 6-55），它有五个完全相同的部分，用实体造型不能完成，所以考虑利用 CAXA 制造工程师 2006 强大的曲面造型功能中的网格面来实现。实际上，只要做出两根凸起的截面线和一根凹进的截面线，然后进行圆形阵列，就可以得到所有凸起和凹进的截面线，最后使用网格面功能生成五个相同部分的曲面。可乐瓶底最下面的平面使用直纹面中的"点+曲线"方式来做，这样做的好处是两个面（直纹面和网格面）可以一同用参数线加工。最后以瓶底的上口为准，构造一个立方体实体，然后用可乐瓶底的两个面把不需要的部分裁剪掉，就可以得到要求的凹模型腔。

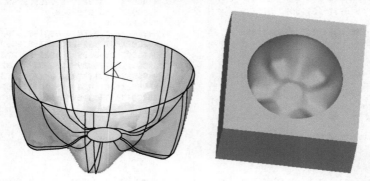

图 6-54 可乐瓶底曲面造型和凹模型腔造型

（1）绘制截面线

1）按<F7>键，将绘图平面切换到 XOZ 平面。

2）单击曲线工具中的"矩形"按钮□，在图 6-56a 所示的立即菜单中选择"中心_长_宽"方式，输入长度为 42.5，宽度为 37，光标拾取坐标原点，绘制一个 42.5×37 的矩形，如图 6-56b 所示。

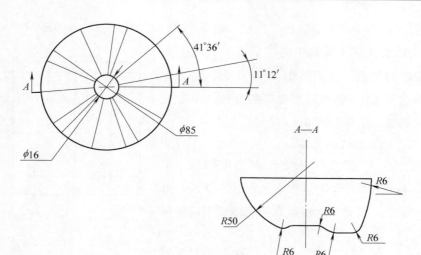

图 6-55 可乐瓶底曲面造型的二维图

3）单击几何变换工具栏中的"平移"按钮 ▣，在图 6-57a 所示的立即菜单中输入 DX = 21.25，DZ = −18.5，然后拾取矩形的四条边，单击鼠标右键确认，将矩形的左上角平移到原点（0，0，0），如图 6-57b 所示。

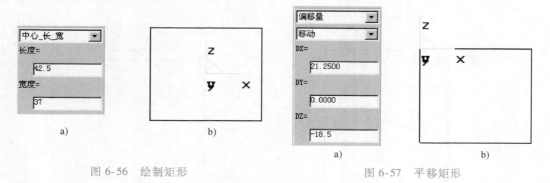

图 6-56 绘制矩形　　　　　　　　　　图 6-57 平移矩形

4）单击曲线工具栏中的"等距线"按钮 ᒣ，在图 6-58a 所示的立即菜单中输入距离 3，拾取矩形的最上面一条边，选择向下箭头为等距方向，如图 6-58b 所示，生成距离为 3 的等距线，结果如图 6-58c 所示。

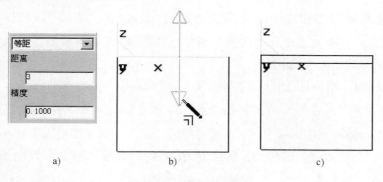

图 6-58 绘制等距线

5）用相同的等距线生成方法，生成如图 6-59 所示尺寸标注的各等距线。

6）单击曲面编辑工具栏中的"裁剪"按钮 ，拾取需要裁剪的线段，结果如图 6-60 所示，然后单击"删除"按钮 ，拾取需要删除的直线，单击鼠标右键确认删除，结果如图 6-61 所示。

7）作相关辅助圆弧与直线。

① 作过 P_1、P_2 点且与直线 L_1 相切的圆弧。单击"圆弧"按钮 ，选择"两点_半径"方式，拾取 P_1 点和 P_2 点，然后按空格键在弹出的点工具菜单中选择"切点"命令，拾取直线 L_1。

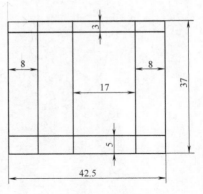

图 6-59　绘制其余等距线

② 作过 P_4 点且与直线 L_2 相切，半径 R 为 6 的圆 R_6。单击"整圆"按钮 ，拾取直线 L_2（上一步中点工具菜单中选中了"切点"命令），切换点工具为"缺省点"命令，然后拾取 P_4 点，按回车键输入半径 6。

③ 作过直线端点 P_3 和圆 R_6 的切点的直线。单击"直线"按钮 ，拾取 P_3 点，切换点工具菜单为"切点"命令，拾取圆 R_6 上一点，得到切点 P_5，如图 6-62 所示。

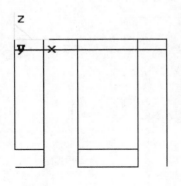

图 6-60　裁剪线段

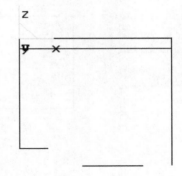

图 6-61　删除线段

注意：在绘图过程中注意切换点工具菜单中的命令，否则容易出现拾取不到需要点的现象。

8）作其余相关辅助圆弧与直线。

① 作与圆 R_6 相切且过点 P_5、半径为 6 的圆 C_1。单击"整圆"按钮 ，选择"两点_半径"方式，切换点工具为"切点"命令，拾取 R_6 圆；切换点工具为"端点"，拾取 P_5 点；按回车键输入半径 6。

② 作与圆弧 C_4 相切且过直线 L_3 与圆弧 C_4 的交点、半径为 6 的圆 C_2。单击"整圆"按钮 ，选择"两点_半径"方式，切换点工具为"切点"命令，拾取圆弧 C_4；切换点工具为"交点"命令，拾取 L_3 和 C_4 得到它们的交点；按回车键输入半径 6。

③ 作与圆 C_1 和 C_2 相切、半径为 50 的圆弧 C_3。单击"圆弧"按钮 ，选择"两点_半径"方式，切换点工具为"切点"命令，拾取圆 C_1 和 C_2，按回车键输入半径 50，

如图 6-63 所示。

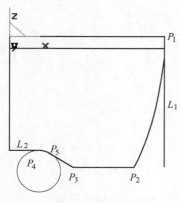

图 6-62 步骤 7）操作结果

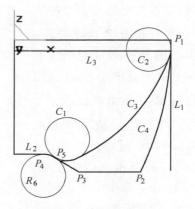

图 6-63 步骤 8）操作结果

9）单击曲面编辑工具栏中的"裁剪"按钮 ✄ 和"删除"按钮 ⌀，去掉图 6-64a 所示不需要的部分。在圆弧 C_4 上单击鼠标右键选择"隐藏"命令，将其隐藏掉，结果如图 6-64b 所示。

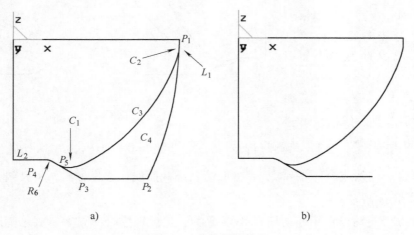

a)　　　　　　　　　　　　　　　　　　b)

图 6-64 裁剪删除线段

10）按<F5>键将绘图平面切换到 XOY 平面，然后再按<F8>键显示其轴侧图，如图6-65a所示。

11）单击曲面编辑工具栏中的"平面旋转"按钮 ⬙，在立即菜单中选择"拷贝"方式，输入角度 41.6，拾取坐标原点为旋转中心点，然后框选所有线段，单击鼠标右键确认，如图 6-65b 所示。

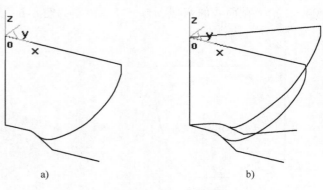

a)　　　　　　　　　　　　b)

图 6-65 平面旋转

12）单击"删除"按钮 ✐，删掉不需要的部分。按下 <Shift> 键和方向键旋转视图。观察生成的第一条截面线，如图 6-66a 所示。单击"曲线组合"按钮 ↪，拾取截面线，选择方向，将其组合成一样条曲线，如图 6-66b 所示。

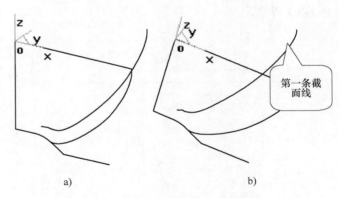

a)   b)

图 6-66 第一条截面线曲线组合

至此，第一条截面线完成。因为作第一条截面线用的是复制、旋转命令，所以完整地保留了原来绘制的图形，只需要稍加编辑就可以完成第二条截面线。

13）按 <F7> 键将绘图平面切换到 XOZ 面内。单击"线面"可见按钮 💡，显示前面隐藏掉的圆弧 C_4，并拾取确认，如图 6-67a 所示。然后拾取第一条截面线，单击右键选择"隐藏"命令，将其隐藏掉，如图 6-67b 所示。

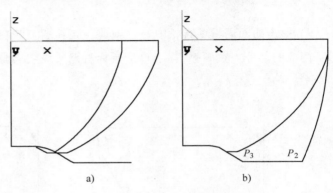

a)   b)

图 6-67 步骤 13）操作结果

14）单击"删除"按钮 ✐，删掉不需要的线段。单击"曲线过渡"按钮 ⟋，选择"圆弧过渡"方式，半径为 6，对 P_2、P_3 两处进行过渡。

15）单击"曲线组合"按钮 ↪，拾取第二条截面线，选择方向，将其组合成一样条曲线，如图 6-68 所示。

16）按 <F5> 键将绘图平面切换到 XOY 平面，然后再按 <F8> 键显示其轴侧图。

17）单击"圆弧"按钮 ⊕，选择"圆心_半径"方式，以 Z 轴方向的直线两端点为圆心，拾取截面线的两端点为半径，绘制如图 6-69 所示的两个圆。

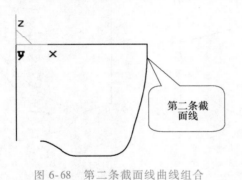

图 6-68 第二条截面线曲线组合

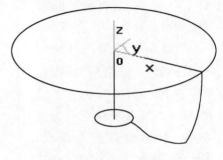

图 6-69 绘制两个圆

18）删除两条直线。单击"线面"可见按钮 💡，显示前面隐藏的第一条截面线，如图 6-70a 所示。

19）单击曲面编辑工具栏中的"平面旋转"按钮 ⟁，在立即菜单中选择"拷贝"方式，输入角度 11.2，拾取坐标原点为旋转中心点，拾取第二条截面线，单击鼠标右键确认，结果如图 6-70b 所示。

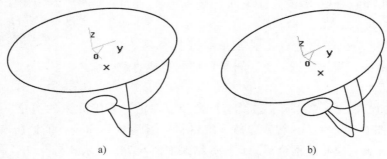

a)　　　　　　　　　　　　　　　　b)

图 6-70　第二条截面线旋转

可乐瓶底有五个相同的部分，至此已完成了其中一部分的截面线，通过阵列就可以得到全部，这是一种简化作图的有效方法。

20）单击"阵列"按钮 ⁙，选择"圆形"阵列方式，份数为 5，如图 6-71a 所示，拾取三条截面线，单击鼠标右键确认，拾取原点（0，0，0）为阵列中心，单击鼠标右键确认，得到如图 6-71b 所示的结果。

至此为构造曲面所作的线架已经完成。

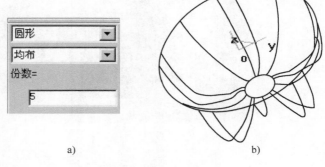

a)　　　　　　　　　b)

图 6-71　阵列

（2）生成网格面　按<F5>键进入俯视图，单击曲面工具栏中的"网格面"按钮 ⟡，如图 6-72a 所示，依次拾取 U 截面线共 2 条，单击鼠标右键确认；再依次拾取 V 截面线共 15 条，单击鼠标右键确认，稍等片刻曲面生成，如图 6-72b 所示。

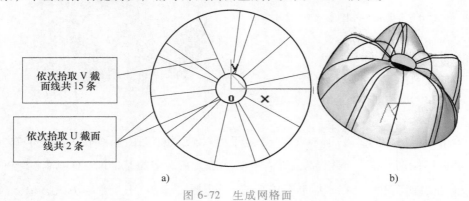

依次拾取 V 截面线共 15 条

依次拾取 U 截面线共 2 条

a)　　　　　　　　　　　　　　　b)

图 6-72　生成网格面

（3）生成直纹面　底部中心部分曲面可以用两种方法来作，即裁剪平面和直纹面（点+曲线）。这里用直纹面"点+曲线"来作，这样做的好处是在加工时，两张面（网格面和直纹面）可以一同用参数线来加工，而面裁剪平面不能与非裁剪平面一起加工。

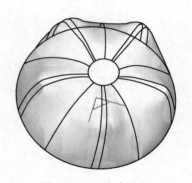

图 6-73　生成直纹面

1）单击曲面工具栏中的"直纹面"按钮 ，选择"点+曲线"方式。

2）按空格键，在弹出的点工具菜单中选择"圆心"命令，拾取底部圆，先得到圆心点，再拾取圆，生成直纹面，如图 6-73 所示。

3）选择【设置】→【拾取过滤设置】命令，取消"图形元素的类型"中的"空间曲面"项，如图 6-74a 所示。然后选择【编辑】→【隐藏】命令，框选所有曲线，单击鼠标右键确认，就可以将线框全部隐藏掉，结果如图 6-74b 所示。

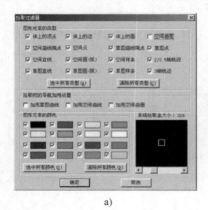

a)

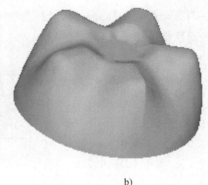

b)

图 6-74　隐藏线框

至此可乐瓶底的曲面造型已经完成，下一步的任务是如何选用曲面造型造出实体。

（4）曲面实体混合造型　造型思路：先以瓶底的上口为准，构造一个立方体实体，然后用可乐瓶底的两张面（网格面和直纹面）把不需要的部分裁剪掉，得到要求的凹模型腔。多曲面裁剪实体是 CAXA 制造工程师 2006 中非常有用的功能。

图 6-75　选 XOY 为基准面

1）单击特征树中的"平面 XOY"，选定平面 XOY 为绘图的基准面，如图 6-75 所示。

2）单击"绘制草图"按钮 ，进入草图状态，在选定的基准面 XOY 面上绘制草图。

3）单击曲线工具栏中的"矩形"按钮 □，选择"中心_长_宽"方式，输入长度为

120，宽度为 120，如图 6-76a 所示，拾取坐标原点（0，0，0）为中心，得到一个 120×120 的正方形，如图 6-76b 所示。

4）单击特征生成工具栏中的"拉伸"按钮 ▣ ，在弹出的图 6-77a 所示的"拉伸"对话框中，输入深度为 50，选中"反向拉伸"复选框，单击"确定"按钮得到立方实体，如图 6-77b 所示。

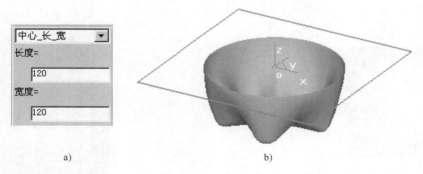

图 6-76　绘制矩形

图 6-77　拉伸矩形

5）选择【设置】→【拾取过滤设置】命令，在弹出的对话框中，选择"拾取时的导航加亮设置"项选中的"加亮空间曲面"（见图 6-78a），这样当鼠标移到曲面上时，曲面的边缘会被加亮。同时为了更加方便拾取，单击"显示线架"按钮 ▦ ，退出真实感显示，进入线架显示，可以直接点取曲面的网格线，如图 6-78b 所示。

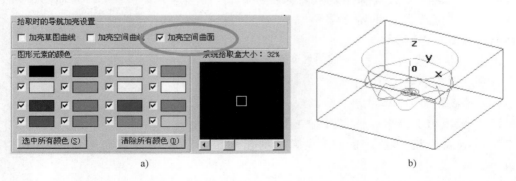

图 6-78　步骤 5）操作结果

6）单击特征生成工具栏中的"曲面裁剪除料"按钮 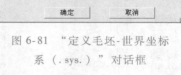，拾取可乐瓶底的两个曲面，选中图 6-79a 所示对话框中的"除料方向选择"复选框，切换除料方向为向里，以便得到正确的结果，如图 6-79b 所示。

7）单击"确定"按钮，曲面除料完成。选择【编辑】→【隐藏】命令，拾取两个曲面将其隐藏掉。然后单击"真实感显示"按钮 ◇，造型结果如图 6-80 所示。

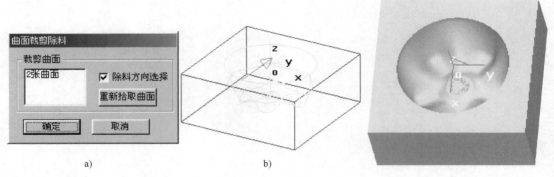

a)　　　　　　　　　　　b)

图 6-79　曲面裁剪除料

图 6-80　造型结果

2. 可乐瓶底加工

加工思路：等高线粗加工、参数线精加工。

根据本例的形状特点，用普通铣床进行粗加工较难，而用 CAXA 制造工程师 2006 却很容易。因为可乐瓶底凹模型腔的整体形状较为陡峭，所以粗加工采用等高粗加工方式。然后采用参数线加工方式对凹模型腔中间曲面进行精加工。

（1）加工前的准备工作　首先进行后置设置。用户可以增加当前使用的机床，给出机床名，定义适合所用机床的后置格式。系统默认的格式为 FANUC 系统的格式。

1）选择【加工】→【后置处理】→【后置设置】命令，弹出"后置设置"对话框。后置设置同连杆例。

2）定义毛坯。选择【加工】→【定义毛坯】命令，弹出"定义毛坯-世界坐标系（.sys.）"对话框，如图 6-81 所示。

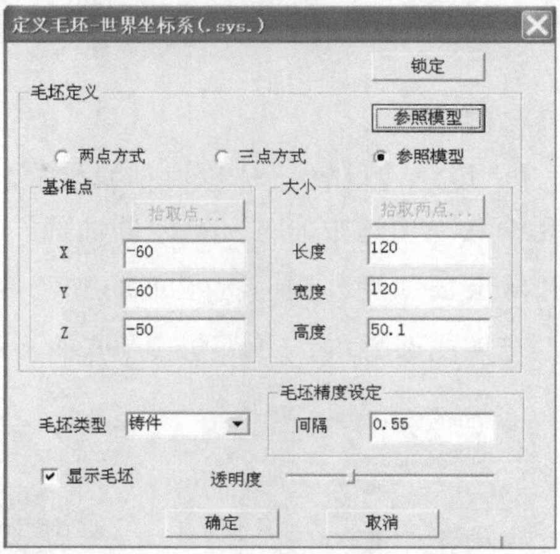

单击"参照模型"按钮，点选"参照模型"选项，单击"确定"按钮。

（2）等高粗加工刀具轨迹

1）设置粗加工参数。选择【加工】→【粗加工】→【等高线粗加工】命令，在弹出的粗加工参数表中设置如图 6-82 所示刀具参数。

2）根据使用的刀具，设置加工参数 1，如图 6-83 所示。

图 6-81　"定义毛坯-世界坐标系（.sys.）"对话框

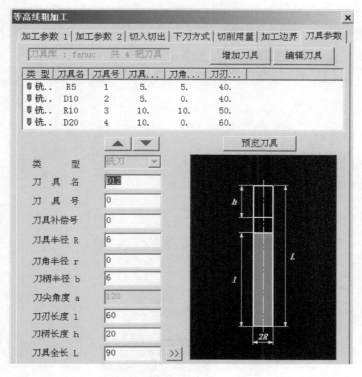

图 6-82　设置粗加工刀具参数

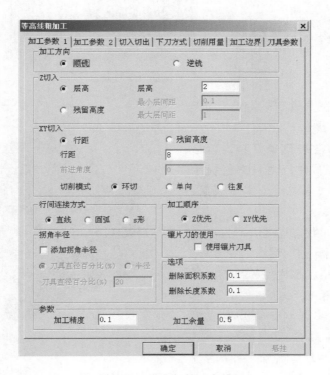

图 6-83　设置粗加工参数

3）设置加工边界，如图 6-84 所示。

4）设置切削用量，如图 6-85 所示。

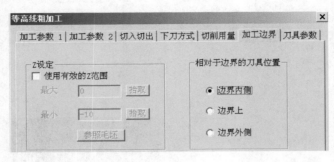

图 6-84　设置加工边界

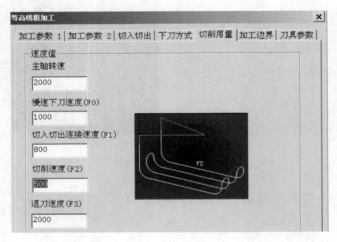

图 6-85　设置切削用量

5）选择"加工参数 2""切入切出""下刀方式"为默认。

6）粗加工参数表设置好后，单击"确定"按钮，屏幕左下角状态栏提示"拾取加工对象"。选中整个实体表面，单击鼠标右键确认。

7）屏幕左下角状态栏提示"拾取加工边界"，单击鼠标右键确认。

8）屏幕左下角状态栏提示"正在分析加工模型，请稍候""正在计算模型，请稍候"，系统开始计算并生成粗加工轨迹，如图 6-86 所示。

9）拾取粗加工刀具轨迹，单击右键

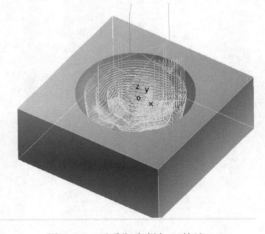

图 6-86　可乐瓶底粗加工轨迹

选择"隐藏"命令，将粗加工轨迹隐藏掉，以便观察下面的精加工轨迹。

（3）精加工——参数线加工刀具轨迹　本例可以直接加工原始的曲面，这样会显得更简单一点。也可以直接加工实体，但曲面截实体以后形成的实体表面比原始的曲面要多一些。本例内型腔表面为 5 个曲面，精加工可以采用多种方式，如参数线、等高线精加工等。下面仅以参数线加工为例介绍软件的使用方法和注意事项。曲面的参数线加工要求曲面有相同的走向、公共的边界，点取位置要对应。

1）选择【加工】→【精加工】→【参数线精加工】命令，弹出参数线精加工参数表，设置刀具参数，如图 6-87 所示。

2）设置加工参数，如图 6-88 所示。

3）设置切削用量，如图 6-89 所示。

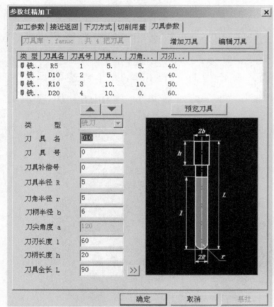

图 6-87　设置刀具参数

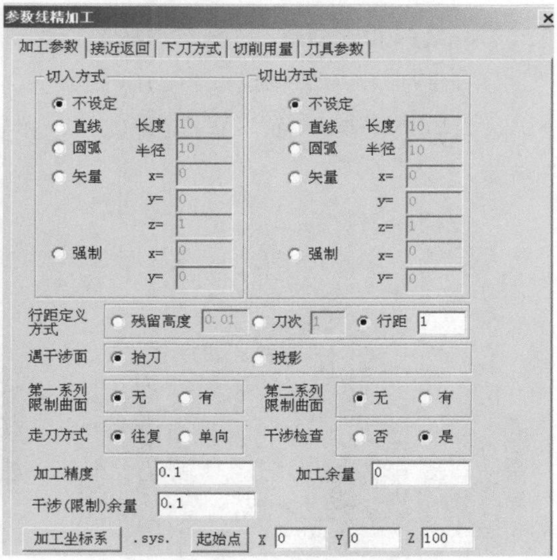

图 6-88　设置加工参数

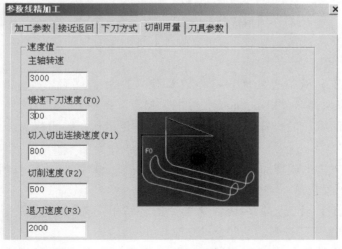

图 6-89　设置切削用量

4）其他参数设置为默认，单击"确定"按钮。

5）选择加工曲面，系统提示"拾取加工对象"，把鼠标移到型腔内部，拾取型腔内部的曲面后，按鼠标右键确认。

6）选择进刀点和加工方向，系统提示"进刀点"，在型腔内部的上方点击选择一点；系统提示"切换加工方向"，单击鼠标右键确认。

7）屏幕左下角状态栏提示"改变曲面方向"，单击鼠标右键确认。

8）选择干涉曲面，屏幕左下角状态栏提示"拾取干涉曲面"，单击鼠标右键确认。

9）屏幕左下角状态栏提示"处理第…条刀具路径"，然后系统自动生成精加工轨迹，如图 6-90 所示。

（4）轨迹仿真、检验与修改

1）单击"线面"可见按钮 💡，显示所有已经生成的加工轨迹，然后拾取粗精加工轨迹，单击鼠标右键确认。

2）先拾取粗加工轨迹，再拾取精加工轨迹，单击鼠标右键，选择【轨迹仿真】命令，进入轨迹仿真界面。单击 🖾 按钮，单击 ▶ 按钮，系统进行轨迹仿真，如图 6-91 所示。

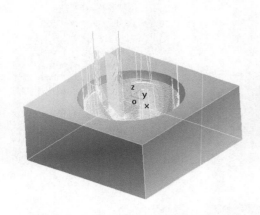 

图 6-90　可乐瓶底精加工轨迹　　　　　图 6-91　可乐瓶底仿真结果

（5）生成 G 代码

1）选择【加工】→【后置处理】→【生成 G 代码】命令，弹出"选择后置文件"对话框，填写加工代码文件名"klpcu. cut"，单击"保存"按钮。

2）拾取生成的粗加工的刀具轨迹，单击鼠标右键确认，弹出粗加工 G 代码文件，如图 6-92 所示。

3）用同样的方法生成精加工 G 代码文件"klpjing. cut"，如图 6-93 所示。

（6）生成加工工艺单

1）选择【加工】→【工艺】命令，弹出"工艺清单"对话框，输入文件名"可乐瓶底加工"，单击"保存"按钮。

2）选择【拾取轨迹】命令，用鼠标选取或用窗口选取或按 W 键，选中全部刀具轨迹，单击鼠标右键确认，单击【生成清单】命令，生成加工工艺清单。生成的加工工艺清单如图 6-94 所示。

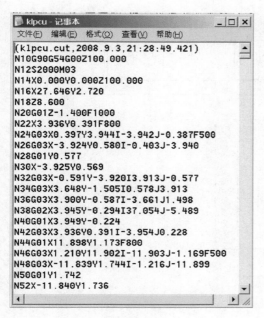

图 6-92　粗加工 G 代码文件

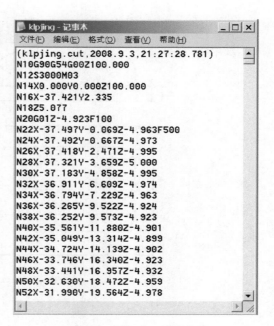

图 6-93　精加工 G 代码文件

究竟用哪一种加工方式来生成轨迹，要根据所要加工形状的具体特点来选择，不能一概而论。对于本例来说，参数线方式加工效果最好。最终加工结果的好坏，是一个综合性的问题，它不单纯取决于程序代码的优劣，还取决于加工的材料、刀具、加工参数设置、加工工艺和机床特点等。几种因素配合好了才能得到最好的加工结果。

项目	关键字	结果
零件名称	CAXAMEDETAILPARTNAME	d
零件图号	CAXAMEDETAILPARTID	
零件编号	CAXAMEDETAILDRAWINGID	
生成日期	CAXAMEDETAILDATE	2008.4.19
设计人员	CAXAMEDETAILDESIGNER	-
工艺人员	CAXAMEDETAILPROCESSMAN	-
校核人员	CAXAMEDETAILCHECKMAN	
机床名称	CAXAMEMACHINENAME	-
刀具起始点X	CAXAMEMACHHOMEPOSX	0.
刀具起始点Y	CAXAMEMACHHOMEPOSY	0.
刀具起始点Z	CAXAMEMACHHOMEPOSZ	100.
刀具起始点	CAXAMEMACHHOMEPOS	(0.,0.,100.)

图 6-94　生成的加工工艺清单

练习与思考题

6-1　什么是计算机自动编程？试述自动编程系统的各部分组成及其作用。

6-2　试述自动编程的工作原理。与手工编程相比，自动编程有哪些主要特点？自动编程是否可以，或者应该完全代替手工编程？

6-3　语言数控自动编程与图形数控自动编程的主要区别在哪里？实物自动编程适宜在何种场合使用？

6-4　CAXA 制造工程师 2006 图形自动编程软件有哪些主要功能？请用软件的 CAD 功能画出图 6-95 所示的立体图。其中，样条线型值点为（-70, 0, 20），

（-40，0，25），（-20，0，30），（30，0，15）。圆弧在平行于 *YZ* 平面内，圆心为
（30，0，-95），半径 *R*=110mm；要求圆弧沿样条平行导动。

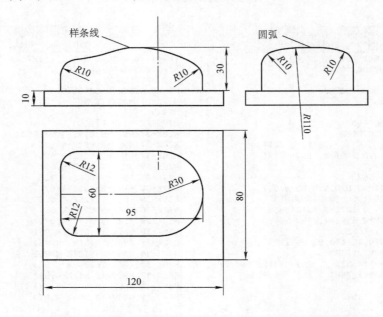

图 6-95　题 6-4 图

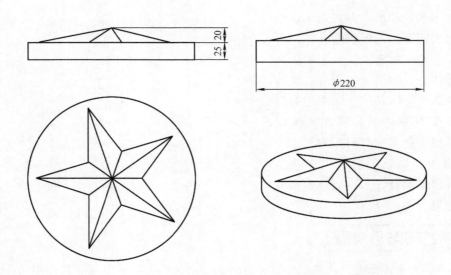

图 6-96　题 6-5 图

6-5　根据图 6-96 完成槽铣自动编程工作：①作图；②生成刀具运动轨迹；③
自动编制数控程序。

6-6　根据图 6-97 完成车壳铣削自动编程工作：①外形定义；②生成刀具运动轨迹；
③自动编制数控程序；④编辑、修改数控程序；⑤程序传输。

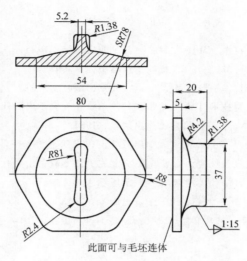

图 6-97 题 6-6 图

参 考 文 献

[1]　蔡复之. 实用数控加工技术［M］. 北京：兵器工业出版社，1995.

[2]　毕承恩. 现代数控机床［M］. 北京：机械工业出版社，1991.

[3]　李福生. 实用数控机床技术手册［M］. 北京：北京出版社，1993.

[4]　王永章. 机床的数字控制技术［M］. 哈尔滨：哈尔滨工业大学出版社，1995.

[5]　李善术. 数控机床［M］. 北京：机械工业出版社，1995.

[6]　孙东阳. 数控编程［M］. 南京：南京大学出版社，1993.

[7]　王振宁. 数控加工编程及操作实训指导［M］. 北京：高等教育出版社，2006.

[8]　叶俊. 数控切削加工［M］. 北京：机械工业出版社，2011.

[9]　樊雄. 数控加工技术［M］. 北京：化学工业出版社，2013.

[10]　王爱玲. 现代数控机床［M］. 2 版. 北京：国防工业出版社，2014.